汉中绿色猕猴桃生产技术

彭　伟　熊晓军　曾宏宽　主编

U0213572

西北农林科技大学出版社

图书在版编目(CIP)数据

汉中绿色猕猴桃生产技术 / 彭伟，熊晓军，曾宏宽
主编. 一杨凌：西北农林科技大学出版社，2021.12
　ISBN 978-7-5683-1065-9

Ⅰ. ①汉… Ⅱ. ①彭… ②熊… ③曾… Ⅲ. ①猕猴桃
一果树园艺 Ⅳ. ①S663.4

中国版本图书馆 CIP 数据核字(2021)第 258621 号

汉中绿色猕猴桃生产技术
彭伟　熊晓军　曾宏宽　主编

出版发行	西北农林科技大学出版社
地　　址	陕西杨凌杨武路 3 号　　邮　编：712100
电　　话	总编室：029-87093195　　发行部：029-87093302
电子邮箱	press0809@163.com
印　　刷	陕西森奥印务有限公司
版　　次	2021 年 12 月第 1 版
印　　次	2021 年 12 月第 1 次印刷
开　　本	880 mm×1230 mm　1/32
印　　张	3.25
字　　数	80 千字

ISBN 978-7-5683-1065-9

定价：20.00 元

本书如有印装质量问题，请与本社联系

前 言

  猕猴桃果实营养丰富，风味独特，保健功能在各种水果中名列前茅，被誉为"VC之王"。近年来，随着人们健康意识的增强和消费水平的提高，猕猴桃越来越受到消费者的喜爱，市场销量稳步增加，种植效益不断提升。

  秦巴地区是猕猴桃原产地，是国内外专家公认的猕猴桃最佳适生区之一。自古以来当地群众就有采食和加工野生猕猴桃的传统。20世纪80年代，汉中市城固县率先开始人工栽培猕猴桃，1996年曾被国家农业部列为全国22个猕猴桃基地县之一。2015年，陕西省启动猕猴桃"东扩南移"发展战略，拉开了汉中猕猴桃高速发展的帷幕。截至2020年，全市猕猴桃栽培面积达12万亩，挂果面积6.1万亩，年产量7万吨。先后引进培育以猕猴桃种植销售为主的企业45家，合作社122个，适度规模家庭农场336个，建成千吨冷藏库6座，建设10~200吨冷藏库30多个，果品贮藏能力达到2万吨。猕猴桃已成为汉中一大优势特色水果。

  近年来，西乡、城固、南郑等县区抢抓机遇，顺势而为，强力推进猕猴桃产业高质量发展。西乡县"毛桃哥猕猴桃"和"绿野鲜汇"通过了国家绿色食品A级认证，"毛桃哥猕猴桃"在中国绿色食品博览会上荣获"绿色食品金奖"，西乡县"金果果猕猴桃"取得"有机转换认证证书"。

  城固县已有13家经营主体先后建成1万亩绿色食品猕猴桃种植基地、0.2万亩有机食品猕猴桃种植基地和0.5万亩中新国际（城固）猕猴桃示范园区。2020年"城固猕猴桃"荣获国家农产品地理标志登记保护。陕西禾和猕猴桃科技开发有限公司、西乡县鼎丰源农业发展有限公司获得全球良好农业操作规范认证。同时，西乡县秦巴金岭、嘉果园、天福、金太阳等猕猴桃基地已经申报国家绿色食品认证。全市猕猴桃产业呈现出"企业引领，连片集中，高标准建设，产业化运营"等特点，成为国内集约化水平较高、果品质量和生产效益较好的现代猕猴桃示范基地。

为进一步规范汉中绿色猕猴桃生产，2020年，西乡县农业技术推广中心邀请汉中市农技中心及城固、汉台、勉县、洋县、南郑等县区果业专家，综合分析汉中的气候、土壤、地形等环境条件，结合生产实践经验，对汉中绿色猕猴桃生产进行了研讨。在参照绿色农产品国家、行业标准及陕西省猕猴桃地方标准，以及猕猴桃专家刘占德、雷玉山相关著作的基础上，编写完成了《汉中绿色猕猴桃生产技术》。全书紧扣汉中绿色猕猴桃生产实际，突出知识性、新颖性、实用性和可操作性。目的是便于规范指导汉中绿色猕猴桃生产，指导种植户合理使用农药、化肥和生长调节剂，不断提升果品产量和品质，保障汉中猕猴桃质量安全，促进产业的健康持续发展。

本书在编写过程中，得到了猕猴桃产业国家创新联盟理事长、陕西省猕猴桃首席专家、西北农林科技大学刘占德教授的指导和帮助，也汇集了汉中市各县区猕猴桃专业技术人员和经营主体的工作成果，在此一并表示感谢！

由于汉中气候、土壤、地形等自然条件的独特性，导致猕猴桃在生长发育和栽培管理等方面既不同于关中猕猴桃产区，也有别于四川、贵州、河南等猕猴桃产区。因此，书中许多内容及技术措施还需在今后的生产实践中不断完善和提高。同时，限于编者水平有限，加之时间仓促，难免挂一漏万，不足之处，敬请各位读者批评指正。

编　者

2021年10月

目　录

第一章
汉中猕猴桃产业概况

一、汉中猕猴桃产区自然环境

汉中市位于陕西省西南部，西接甘肃，南连四川，东、北分别与本省的安康、宝鸡和西安接壤。北倚秦岭、南屏巴山，汉江由西向东横贯其中。境内山川兼有，气候温和，自然条件优越，民风乡俗淳朴，是国宝大熊猫和世界珍禽朱鹮的栖息地，也是南水北调中线工程的重要水源涵养地。全市辖 9 县 2 区和 1 个国家级经济技术开发区，有 152 个镇、24 个街道办，1 903 个村、284 个社区，总人口 386 万，总面积 2.72 万平方公里。地貌分为山地、丘陵、平坝三大类型，其中山地占 75.2%，丘陵占 14.6%，平坝占 10.2%。

汉中属北亚热带湿润季风气候，冬无严寒、夏无酷暑、四季分明。年平均气温 14.5℃，1 月平均气温为 2.4℃，极端最低气温 −10.1℃（1957 年 1 月 14 日）；7 月平均气温为 25.7℃，极端最高气温 38.0℃（1953 年 8 月 18 日）。最低月均气温 −1.7℃（1992 年 1 月），最高月均气温 33.0℃（1994 年 8 月，2002 年 7 月）。无霜期年平均 234 天，最长达 276 天，最短为 201 天。年平均日照时数 1 478.4 小时，年平均降水量 855.3 毫米，年平均降雨日数为 123.3 天。极端年最大雨量 1 462.8 毫米（1983 年），极端年最少雨量 530.3 毫米（1995 年）。降雨集中在每年 4 月至 10 月，9 月最多。

二、汉中猕猴桃栽培历史与现状

1.汉中猕猴桃产业发展概况

汉中野生猕猴桃分布十分广泛,主要分布在城固、西乡、洋县、佛坪、留坝、宁强、镇巴等县。据《中国猕猴桃》(崔致学主编,1993年5月出版)一书记载,"中国猕猴桃属植物大部分分类群集在秦岭以南、横断山脉以东地区。这是猕猴桃的密集分布区。""分布在淮河和秦岭以南各省、区的中华猕猴桃和美味猕猴桃是果形最大、经济价值最高、分布最广、野生果实年蕴藏量最多的两个种。"据周社成等人对城固县秦巴山区野生猕猴桃资源调查,城固县野生猕猴桃以大盘乡两河村、盘龙乡兴龙村最多,主要是美味猕猴桃,大约占95%,其次是软枣猕猴桃和京梨猕猴桃。据调查推算,城固县境内74个行政村,1 000平方公里范围内分布有成年野生猕猴桃34.9万架,约1 267公顷。西乡县农技中心调查发现,全县17个镇(办)均有野生猕猴桃分布,有猕猴桃属的美味猕猴桃、中华猕猴桃、硬齿猕猴桃、京梨猕猴桃、葛枣猕猴桃、狗枣猕猴桃和对萼猕猴桃等,野生猕猴桃资源十分丰富。

20世纪80年代,汉中市利用自然生态环境优越、野生资源丰富等有利条件开展猕猴桃人工栽培。2008年,陕西省政府把加快汉江流域猕猴桃产业基地建设写入全省果业发展规划——在秦巴山区猕猴桃适生区集中连片适度发展猕猴桃产业。该区域包括汉中市的城固、洋县、勉县、佛坪4个县区。2009年3月,汉中市人民政府办公室出台了《关于加快猕猴桃产业发展的意见》,掀起了又一轮猕猴桃发展热潮。

2015年,陕西省启动猕猴桃"东扩南移"战略,形成秦岭南北两大基地齐头并进的产业发展新格局,实现猕猴桃产业再发展再升级。其中"南移"是指猕猴桃基地向秦岭以南的城固、汉台、洋县、西乡、汉滨、商南等县区发展,推动汉江、丹江两大猕猴桃基地建设。按照"城固试点,汉中突破,陕南发展"的总体要求,汉中市依托资源禀赋优势,围绕"果业强、果农富、果乡美"的总目标,强力推进猕猴桃产业发展。一批从事猕猴桃科研、产销的单位落户汉中,陕西禾和农业科技集团有限公司,陕西齐峰果业有限责任公司,陕西佰瑞猕猴桃研究院,陕果集团勉县公司、洋县公司、城固公司、汉台公司相继成立。其中禾和公司与新西兰佳沛公司共建国际猕猴桃示范园初具规模,汉农、永盛等公司一批千亩猕猴桃基地加快建设,建园起点高、标准高、水平高,引进推广徐香、翠香、红阳、瑞玉等新优品种,80%的果园配置了水肥一体化微喷或滴灌设施,实现了水肥精细化管理,稳步推进高标准生产基地建设、品牌建设和贮藏能力提升,产业发展呈现出快速扩张之势。

2.汉中市各县区猕猴桃产业发展现状

截至2020年,城固县猕猴桃栽培面积5万亩,占汉中市猕猴桃栽培面积的42%,挂果园3.2万亩,年产鲜果3万余吨,占全市产量的43%,产值达3亿元。2020年4月"城固猕猴桃"获国家农产品地理标志认证。现有以猕猴桃产销业务为主的公司13家、专业合作社14个、家庭农场12个,果品冷藏库14座,贮藏能力近1万吨;率先建成猕猴桃光电分选线3条,初步建立了从苗木繁育、栽培管理到储藏保鲜一体化的生产服务体系和电商带动、线上线下双驱动的果品销售模式。

西乡县猕猴桃种植面积1.35万亩,以徐香、翠香、瑞玉等为主。其中鼎丰源公司建成0.1万亩示范基地,建设分选线2条。2018年注册"毛桃哥"品牌,通过了国家绿色食品A级认证和良好农业规范认证;收购全县10个基地的猕猴桃产品,统一以"毛桃哥"品牌销售。西乡县"绿野鲜汇"通过了国家绿色食品A级认证,"金果果猕猴桃"取得有机转换认证证书。同时,西乡县秦巴金岭、嘉果园、天福、金太阳等猕猴桃基地相继申报国家绿色食品认证,并在县猕猴桃协会的倡导下"不使用膨大剂",猕猴桃的品质得到很大提升。

勉县种植猕猴桃约2万亩,挂果面积0.3万亩,产量约3 000吨。建成猕猴桃冷藏库10个,贮藏能力约500吨。主栽徐香、翠香,搭配黄金果、红阳等品种。截至目前,引进培育4家从事猕猴桃生产和营销的企业,分别是陕果集团勉县公司(0.26万亩)、陕西惜源实业有限公司(0.1万亩)、陕西程锦现代农业发展有限公司(0.1万亩)、陕西金沙滩农业公司(0.05万亩)。2020年,陕果集团勉县直销品牌店隆重上市,依托线上线下相结合的营销模式,实现产地到消费端的无缝式连接。

汉台区培育猕猴桃经营主体20余户,种植面积达1.5万亩,挂果面积0.5万亩,栽植品种主要以徐香、翠香为主。其中陕果集团汉台公司建设0.3万亩猕猴桃示范基地。

洋县从事猕猴桃生产经营的企业有8家公司、2个合作社,县内九个镇(办)发展猕猴桃1.1万亩,其中陕果集团洋县公司2018年以来建设猕猴桃基地0.5万余亩,以翠香、徐香、瑞玉、贵长等为主,陆续开始挂果。洋县鸿源现代农业循环发展有限公司有机认证猕猴桃1 800亩,主要栽植品种有金龙2号、瑞玉、徐香、翠香等品种,公司严格按照有机产业种植标准实施田间管理,有机猕猴桃的市场价格是普通猕猴桃的3倍以上。

南郑区种植面积0.4万亩,其中陕西大汉山旅游开发有限公司、红海绿洲生态农业开发有限公司等3家公司种植面积占50%左右,分别建成200吨冷库各1个,主栽翠香、徐香、红阳等品种。红海绿洲生态农业开发有限公司采用设施大棚栽培红阳0.01万亩。

略阳县猕猴桃面积0.4万余亩,主栽品种为徐香、翠香、红阳等。建成猕猴桃示范基地2个,分别是白水江镇封家坝村徐香猕猴桃示范基地(0.029万亩)、马蹄湾镇骆驼梁红阳猕猴桃示范基地(0.01万亩)。

佛坪、镇巴、宁强等县也有部分栽培,大约0.7万亩。

第二章
猕猴桃生物学特性及对环境条件的要求

一、猕猴桃生物学特性

1. 根系

猕猴桃根为肉质根,根初生时为白色,以后逐渐变为浅褐色,暴露于地表的老根常呈灰褐色或黑褐色,皮层龟裂,呈片状脱落,与老茎极相似。

根系在土壤中的分布深度随土质、土层不同而异。土壤疏松、肥沃程度是决定根系分布的主要因素。野生状态下,根系常顺山坡向下朝水肥充足的地方伸展。在栽培条件下,成年猕猴桃根系的垂直分布一般在地面下 20～60 厘米之间,在深厚、疏松的土壤中深度可达 4 米以上。在土壤板结、贫瘠的果园中,70％的根分布深度不超过 30 厘米,1 米以下很少有根系分布。根系分布的广度常常大于树冠直径。在成龄果园中,由于栽植密度的限制,根系会相互交织在一起,无法扩展得很广。

根系在土壤温度 8℃时开始活动,25℃时进入生长高峰期,若温度继续升高,生长速率开始下降,30℃时新根生长基本停止。在温暖地区,只要温度适宜,根系可常年生长而无明显的休眠期。

根系的生长常与新梢生长交替进行,在遭受高温干旱影响时根系生长缓慢或停止活动。一般根系出现两次生长高峰期,第 1 次生长高峰期从坐果期至坐果后约 50 天,第 2 次高峰期在坐果后

70 天至 11 月初。在遭受高温干旱时根系生长缓慢或停止生长。

2. 芽

猕猴桃的芽着生在叶腋间隆起的海绵状芽座中,芽外包裹有 3~5 片黄褐色鳞片。每个叶腋间通常有 1~3 个芽,位于中间的芽体较大的为主芽,两侧较小的是副芽。主芽分为叶芽和花芽。叶芽萌发生长为营养枝;花芽一般比较饱满,萌发后先抽生枝条,然后在新梢中下部的几个叶腋间形成花蕾开花。开花部位的叶腋间不再形成芽而变为盲节。副芽通常不萌发,成为潜伏芽,寿命可达数年,当主芽受伤、枝条短截或受到其他刺激后,萌发生长为发育枝或徒长枝,个别也能形成结果枝。

当春季气温上升到 10℃ 左右时,冬芽开始萌发。不同品种之间萌芽率有较大差异,如徐香萌芽率约 72%,翠香萌芽率 65%,红阳萌芽率 78%,海沃德约 50%。

猕猴桃的芽有早熟性。当年生新梢上的腋芽因受各种因素的影响而萌发抽枝,形成二次枝、三次枝。二次枝多在 6 月中旬以后出现,遇干旱或不适当的夏剪会促使腋芽萌发二次枝。二次枝发生过多,会使下年应形成优良结果枝的芽提前萌发。幼树或嫩条较少的植株,利用二次枝扩大树冠,有利于提早培养树形。

3. 枝

猕猴桃的新梢呈黄绿、褐绿、棕绿色,多具棕色或锈色茸毛。枝条靠顶端具有的缠绕能力,逆时针缠绕在其他物体上或互相缠绕在一起。生长健旺的一年生枝可达 3~5 米长,最长达 8 米以上;2 年生枝紫褐色,茸毛多数已脱落,无毛或少毛,有的仅保留有毛痕。茸毛的类型有软毛、粉状毛、星状毛、刺状毛,这是分类上的重要的依据。枝条的皮孔椭圆形,呈斑点状凸起,大的如米粒,随着老化而消失。枝条髓大、白色、空心。木质部组织疏松,年轮难辨。

营养枝:指那些仅进行枝、叶器官的营养生长而不能开花结果的枝条。根据其生长势强弱,可分为徒长枝、发育枝(营养枝)和短枝。徒长枝多从主蔓上或枝条基部隐芽发出,生长极旺,不充实,直立向上,节间长,毛多而长,芽不饱满,很难形成花芽。发育枝多从枝条中部发出,生长势较强,这种枝可成为次年的结果母枝。短枝多从树冠内部或下部枝上发出,生长衰弱。

结果枝:雌株上能开花结果的枝条称为结果枝。雄株上开花的枝称为花枝。根据枝条的生长发育程度,结果枝可分为徒长性结果枝(150 厘米以上),长果枝(50～150 厘米),中果枝(30～50 厘米),短果枝(10～30 厘米)和短缩果枝(10 厘米以下)。

猕猴桃的枝有背地性。芽的位置背向地面时,其抽发的枝生长旺盛;与地面平行时,其抽发的枝条生长中庸;面向地面时,其抽发的枝条生长衰弱,芽苞小,甚至不发芽。

猕猴桃的枝有自枯现象,部分枝条生长后期顶端会自行枯死,也叫"自剪现象"。枝梢自枯期的早晚与枝梢生长状况密切相关,生长势弱的枝条自枯早,生长势强的枝条直到生长停止时才出现自枯。猕猴桃枝条自然更新能力很强,在树冠内部或营养不良部位生长的枝,一般 3～4 年就会自行枯死,并被其下方提前抽出的强势枝逐步取代。

4.叶

猕猴桃的叶为单叶互生,叶片大而较薄,有多种形状,如圆形、椭圆形、扁圆形、心形、倒卵形、卵形、扇形等,在同一枝条上叶片大小和形状也不一。叶片先端急尖、渐尖、浑圆、平或凹陷等,叶基部呈圆形、楔形、心形、耳形等,叶缘多锯齿,有的锯齿大小相间,有的几近全缘。叶脉羽状,多数叶脉有明显横脉,呈网状。叶柄有长有短,颜色有绿色、紫红色或棕色,托叶常缺失。叶面为黄绿色、绿色或深绿色,幼叶有时呈红褐色,表面光滑或有毛。叶背颜色较浅,表面光滑或有茸毛、粉毛、糙毛或硬毛等。

从展叶至停止生长需要 20～50 天,单片叶的叶面积开始增长很慢,之后生长加快,当达到一定值后又逐渐变慢。展叶后的10～25 天为叶片迅速生长期,后缓慢生长至定形。叶片随枝条伸长而生长,当枝条生长最快时,叶片生长也最迅速。同一品种叶片的大小取决于叶片在迅速生长期生长速率的大小,生长速率大则叶片大,否则就小。通风透光条件下,叶片在定形后到落叶前的几个月里,光合作用最强,制造和向其他器官输送的养分最多。所以,为了使叶面积加大,提高其光合效能,在叶片迅速生长期给予合理肥水管理是非常必要的。同时,要通过合理的植保、修剪等措施降低无效叶片(即没有营养积累功能的叶片),如病虫叶、郁闭叶等的比例,增加光合产物的积累,增强树势,确保果实品质。

5. 花

猕猴桃为雌雄异株植物,即分为雌花(见图 2－1)和雄花(见图 2－2),雌花花粉败育,雄花子房退化。花单生或呈聚伞序,一般为 1～3 朵,也有 4～6 朵。初开时花瓣为白色,后逐渐变为淡黄色至橙黄色。花瓣 5～7 枚,呈倒卵形或匙形,基部呈波状,脉纹显著。萼片覆瓦状排列,基部合生或分离,一般 5 枚,有的 2～4 枚,果实成熟后多宿存于果实上。花梗长 3 厘米左右,其上茸毛长短因品种而异。雌花着生在结果枝 2～7 节叶腋间;雄花着生在 1～9 节叶腋间,无叶节也能着生。

雌花从现蕾到花瓣开裂大约需要 35～40 天,雄花则需要30～35 天。雌株花期多为 5～7 天,雄株则达 7～12 天,长的可到 15 天。雌花开放后 3～5 天落瓣,雄花为 3～4 天。雌花授粉最佳时间为开花后的前 1～2 天,当天开的花最好当天授粉。花粉的生活力与花龄有关,雄花开放前 1～2 天至花后 4～5 天,花粉都具有萌发力,但以花瓣微开时萌发力最强,此时花粉管伸长快,有利于深入柱头进行授精。开花顺序:从单株来看,向阳部位的花先开;同一枝条上,中部的花先开;同一花序,中心花先开,两侧花后开。

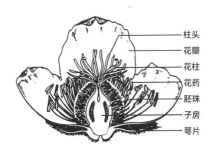

图 2－1　猕猴桃雌花

图 2－2　猕猴桃雄花

　　雌花的柱头呈分裂状,分泌黏液,花粉落上柱头后,通过识别即开始萌发生长。花粉管经柱头通过珠孔进入胚囊后释放出精子,与胚囊中的卵细胞结合,形成受精卵。授粉后约 3 小时,花粉管向乳突壁下生长,约 7 小时后抵达花柱沟和花柱道的结合点,10～20 小时到花柱底部,20 小时后,花柱底部较近的极少数胚囊由花粉管到达其珠孔位置,绝大多数胚囊在授粉后 45 小时花粉管破坏助细胞,释放两精子。整个授粉、授精过程需要 30～72 小时。雌花受精后形态表现为:柱头第 3 天变色,第 4 天枯萎,花瓣萎蔫脱落,子房逐渐膨大。

根据具体的栽培品种、栽培面积及天气条件等,做好相应的授粉安排。

授粉效果与花期环境有关。首先,温度可影响花粉发芽和花粉管伸长,猕猴桃花粉萌发的最适温度为 20～25℃,低温下萌发慢,花粉管伸长也慢,花粉通过花柱到达子房的时间延长。因此,花粉到达胚囊前,胚囊已失去受精能力。此外,花期遇到过低温度时,会使胚囊和花粉受到伤害。低温也影响授粉昆虫的活动,一般蜜蜂活动要求 15℃ 以上的温度,低温下,昆虫活动能力弱。花期大风(17 米/秒以上)不利于昆虫活动,干热风或浮尘使柱头干燥,不利于花粉发芽。阴雨绵绵不利于传粉,花粉很快失去活力。

6. 果实

猕猴桃属于浆果类,果实由子房发育而成。果实大小、皮色、毛被状况因品种而异。形状有长椭圆形、椭圆形、圆柱形、扁球形、倒卵形等。果皮有浅绿色、绿色、绿褐色、黄褐色、灰褐色、暗褐色等,果面无毛或被棕黄色短茸毛、硬毛等。果肉有黄、黄绿、翠绿和红色。果实软熟后,糖分增加,果肉细腻,有特殊香味,口感甜酸。在不同地域和栽培条件下,同一品种的果实品质有差异,生产中引进品种时应开展试验,切忌求新求洋,盲目引种。

7. 生长发育规律

猕猴桃成花容易,坐果率高,加之落果少,所以丰产性好。结果枝大多从结果母枝的中、上部芽萌发。通常以中、短果枝结果为主,结果枝通常能坐果 2～5 个,因品种不同而有差异,有的仅坐1～2 果,而丰产性能好的品种能坐 6～8 个果,主要着生在结果枝的第 2 至第 6 个节位。

生长中庸或强壮的结果枝,可在结果当年形成花芽,成为次年的结果母枝;而较弱的结果枝,当年所结果实较小,也很难成为次年的结果母枝。对生长充实的徒长枝加以培养,如进行摘心或短截,可形成长枝性的结果母枝。充分利用徒长枝来培养健壮结果母枝,是追求猕猴桃高产稳产值得提倡的技术措施。猕猴桃结果的节位低,又可在各类枝条上开花结果,为其修剪与结果部位更新,以及整形和丰产稳产提供了有利条件。

单生花与序生花的坐果率在授粉良好的情况下无明显差异。单生花在后期发育中,果形较大。而花序坐果越多,果形越小,但在栽培条件良好、整树结果不多时,即使一花序坐果2～3个,也能结成较大的果实。一般来说,要获得较大的果实,在开花前应对花序进行疏蕾,保留中心花蕾,如中心花蕾畸形或受害,可选留较好的侧花蕾;授粉完成后,要疏除畸形果、病虫果、小果,在确保产量的同时提高商品果率。但如果当年花期遇到不利的授粉天气,或遇到花后病害较重的情况,疏果程度要轻,或不疏果,且应在幼果坐住后疏除小幼果。

猕猴桃从谢花到果实成熟需要110～165天,在此期间,果实大小和内含物不断发生变化。谢花后30～50天是果实体积和鲜重快速增长阶段,主要是细胞分裂增生和细胞增大,水分增加特别多。快速生长过后,果实大小达到了成熟大小80%左右,鲜重达到成熟时大小的70%～75%。果实中淀粉的积累则是从谢花后50天开始,谢花后110天(早熟品种)至145天(中晚熟品种)达到最大值。以后,淀粉开始水解,淀粉含量迅速下降。而可溶性固形物和总糖含量在谢花后90天内趋于稳定,保持在5%以内,以后缓慢增加。当可溶性固形物含量达到6%～7%以后,可溶性固形物和总糖含量迅速增加,与淀粉的变化相反。根据常温贮藏试验,总糖和可溶性固形物含量迅速上升期是果实采收的最佳时间段。整个生育期果实干重持续增加,特别在成熟后期,鲜重停止增长后,干重仍在迅速增加。说明这时期干物质还在不断积累。此时是果实品质形成的重要阶段。

8. 物候期

猕猴桃的物候期是指各器官在一年中生长发育的周期。影响猕猴桃物候期的主要因素是温度条件,年份不同、地理位置、海拔高度和坡向不同,物候期也不相同。猕猴桃物候期有:伤流期、萌芽期、展叶期、开花期、果实生长成熟期、落叶休眠期。

(1)伤流期。伤流期的显著特点是植株任何部位受伤后不断流出树液。从早春萌芽前约1个月到萌芽后约2个月一直持续,此期是根系生命活动的开始,应避免造成伤口而导致营养流失。

(2)萌芽期。萌芽期全树大约有5%的芽开始膨大,鳞片裂开,该期大约20多天。根系根压较大,进入第一个生长高峰期,伤流进入盛期。

(3)展叶期。展叶期全树大约5%芽的叶片开始展开之后,由异养型转为自养型,直到长成完全叶,叶片则转为营养输出型。此期花芽形态分化期也完成了花柄、花萼、花瓣、雄蕊、花药、柱头、雌蕊、外果皮和内果皮的分化等单花器官的分化。

(4)开花期。猕猴桃的开花期包括现蕾期、始花期、盛花期和终花期。

现蕾期:全树5%的枝蔓基部出现花蕾。根系生长旺盛,伤流严重,树体营养消耗大,需要施1次花前肥以增加养分供应。

始花期:全树有5%的花朵开放。根系进入缓慢生长期,伤流减弱,但未停止。

盛花期:全树花朵开放达到了75%。此时需进行果园放蜂或人工授粉,利于形成果形端正的优质果。

谢花期:全树75%的花朵花瓣凋落,进入果实生长阶段。

(5)果实生长成熟期。果实生长成熟期包括以下两个阶段。

果实生长期:花后约50~60天,进入果实的体积和鲜重都迅速增加的膨大生长期,生长量可达总生长量的70%~80%。此期的营养供给十分重要,需追施一次壮果肥,促进果实生长发育。当

75%的果实体积停止迅速生长时进入缓慢生长期,大约1个月。此时,主要为营养物质的积累阶段,也是根系的第二次迅速生长期和夏梢迅速生长期。

果实成熟期:果实达到成熟,是果实内的营养物质处于不断积累时期,大约1个月时间。此期主要是糖类先增后减(转化为淀粉积累),有机酸缓慢上升后稍有下降并相对稳定,可溶性固形物则不断上升。达到采收标准后采收的果实,软熟时间一致、酸甜可口,具有该品种固有风味。早采会影响果实的风味和耐贮性。

(6)落叶休眠期。落叶期指全树5%~75%的叶片脱落的时期,是一年生长的结束,休眠期的开始。休眠期一直持续到来年芽膨大时(或伤流期的开始),休眠期果树生命活动缓慢,要做好修剪和防寒防冻工作。

二、猕猴桃对环境条件的要求

1.温度

温度是限制猕猴桃属植物分布和生长发育的主要因素。每个品种都有适宜的温度范围,超过这个范围则生长不良或不能生存。猕猴桃大多数品种要求温暖湿润的气候,即亚热带或温带湿润半湿润气候,主要分布在北纬18°~34°的广大地区。年平均气温在11.3~16.9℃,极端最高气温42.6℃,极端最低气温约在-20.3℃,10℃以上的有效积温为4 500~5 200℃,无霜期160~270天。猕猴桃种群间对温度的要求也不一致,如中华猕猴桃在年平均温度14~20℃之间生长发育良好,而美味猕猴桃在13~18℃范围内生长良好。猕猴桃的生长发育阶段也受温度影响。有研究表明,当气温上升到10℃左右时,幼芽开始萌动,15℃以上时才能开花,20℃以上时才能结果,当气温下降至12℃左右时则进入落叶休眠期,整个发育过程需210~240天。

2. 光照

多数猕猴桃种类喜半阴环境,对强光照射比较敏感,属中等喜光性果树树种。要求生长期日照时间为 1 200～2 600 小时,喜漫射光,忌强光直射,自然光照强度以 40％～45％ 为宜。猕猴桃对光照条件的要求随树龄变化而变化,幼苗期喜阴凉,需适当遮阴,尤其是新移植的幼苗更需遮阴。成年结果树需要良好的光照条件才能保证生长和结果的需要,光照不足则易造成枝条生长不充实,果实发育不良。但过度的强光对生长也不利,常导致叶片干枯、果实日灼等。

3. 水分

猕猴桃是生理耐旱性弱的树种,它对土壤水分和空气湿度的要求比较严格。我国猕猴桃的自然分布区年降水量在 600～2 200 毫米,空气相对湿度为 60％～80％。一般来说,凡年降水量在 800～1 200 毫米、空气相对湿度在 70％ 以上的地区,均能满足猕猴桃生长发育对水分的要求。汉中地区完全符合要求。猕猴桃的抗旱能力比一般果树差,水分不足,会引起枝梢生长受阻,叶片变小、枯萎,有时还会引起落叶、落果等。除不抗旱外,猕猴桃还怕涝,如果连续下雨而排水不良,根部处于水淹状态,影响根的呼吸,超过 24～48 小时,会造成毛细根腐烂,植株死亡。

4. 土壤

猕猴桃在土层深厚、肥沃疏松、腐殖质含量高的沙质壤土,pH 范围 5.5～6.5 的土壤环境下生长良好。在中性(pH＝7)或微碱性(pH 7～8)土壤上虽然也能生长,但幼苗期常出现黄化现象,生长相对缓慢。除土质及 pH 外,土壤中的镁、锰、锌、铁等矿质营养对猕猴桃的生长发育也有重要影响,如果土壤中缺乏这些矿质元素,在叶片上常表现出营养失调的缺素症。

三、汉中猕猴桃生长特性

汉中属于北亚热带湿润季风气候区,境内气候湿润、雨水充沛、冬无严寒、夏无酷暑;土壤疏松通透,有机质含量高,酸碱度适宜。各项指标显示,汉中地区的气候、土壤等环境条件非常适合猕猴桃生长和优质果品生产,是国内外专家公认的猕猴桃最佳适生区(见表2—1)。

由于汉中总体气候较秦岭北麓更为温暖湿润,春季气温回升快,有效积温高,猕猴桃年生长量约为秦岭北麓关中地区的1.5倍,物候期比关中地区萌芽早、开花早、落叶晚,实现差异化发展中早熟品种,早上市抢占市场。

汉中森林覆盖率达68%,空气清新,水质洁净,境内无大中型工矿企业,是"国家森林城市"和南水北调水源保护区。2003年经陕西省农业环境监测站检测,空气、灌溉水和土壤完全达到我国农业行业标准——《绿色食品产地环境质量》(NY/T 391)指标要求,是发展绿色、有机果品的理想区域。

汉中猕猴桃于3月上旬萌芽,并开始抽生春梢;春梢生长与气象条件密切相关,温度起主导作用。观测中发现猕猴桃春梢抽梢的前15天生长较慢,平均每天生长0.5~1.0厘米;以后的30天生长较快,平均每天生长1.0~2.0厘米,生长最快的可达4.0厘米左右。

猕猴桃谢花后7~10天即形成幼果,以后逐渐生长发育和成熟。汉中大部分地区于6月上旬至下旬为幼果期。7月上旬至8月为壮果期,9~10月为果实成熟期。从结果至成熟一般历时110~165天。城固县果业技术指导站通过观察,记载了原公镇猕猴桃基地主要品种的物候期(见表2—2)。

表 2-1　猕猴桃适宜生长条件与汉中地区生态条件对比

项目	年均温（℃）	极端最高温（℃）	极端最低温（℃）	≥10℃有效积温（℃）	无霜期（天）	年日照时数（小时）	年降雨量（毫米）	土壤pH
适宜区	11.3～16.9	42.6	-15.8	4500～5200	160～240	1300～2600	1000左右	5.5～6.8
汉中	12.3～16.0	36～38	-10.1～-8.0	平川区4480左右	212～250	1822	800～1000	6.0～7.0
秦岭北麓	12.9～13.2	超过40	-9～-13	3000～4800	218～235	1994～2088	589～873	6.8～7.7

表 2-2　城固县主要猕猴桃品种的主要物候期(日/月)

品　种		伤流期	萌芽期	展叶期	显蕾期	开花期			成熟期	落叶期
						初花	盛始	谢花		
中华系猕猴桃	脐红	10/2	20/2	14/3	23/3	17/4	19/4	26/4	9月中旬	11月下旬
	红阳	7/2	18/2	11/3	18/3	16/4	18/4	25/4	9月上旬	11月下旬
	黄金果	10/2	20/2	15/3	25/3	16/4	18/4	28/4	10月上旬	11月下旬
	金艳	13/2	9/3	18/3	26/3	26/4	30/4	5/5	10月中旬	12月上旬
美味系猕猴桃	徐香	17/2	11/3	20/3	27/3	30/4	3/5	7/5	9月中旬	12月上旬
	翠香	16/2	7/3	17/3	24/3	28/4	1/5	4/5	9月上旬	12月上旬
	海沃德	17/2	13/3	22/3	28/3	3/5	8/5	11/5	9月下旬	12月上旬
	秦美	18/2	23/3	3/4	10/4	2/5	5/5	9/5	10月上旬	12月上旬

第三章

绿色食品猕猴桃标准要求

一、绿色食品猕猴桃的概念

绿色食品是指产地环境质量符合国家有关标准要求,遵照绿色食品生产标准生产,生产过程中遵循自然规律和生态学原理,协调种植业和养殖业的平衡,限量使用限定的化学合成生产资料,产品质量符合绿色食品产品标准,经专门机构许可使用绿色食品标志的产品。

绿色食品猕猴桃的生长环境要符合行业标准 NY/T 391 要求,果品感官要求、理化要求,以及生产、包装、贮存、运输过程的卫生要求均要符合 NY/T 425 相关规定。

二、产地环境质量要求

1. 产地生态环境要求

根据 NY/T 391 的规定,汉中绿色猕猴桃生产应选择生态环境良好、无污染的地区,远离工矿区和公路、铁路干线,避开污染。绿色食品和常规生产区域之间设置有效的缓冲带或物理屏障,以防止绿色食品生产基地受到污染。应建立生物栖息地,保护基因多样性、物种多样性和生态系统多样性,以维持生态平衡。应保证基地具有可持续生产能力,不对环境或周边其他生物产生污染。

2. 产地环境的空气质量要求

绿色猕猴桃基地宜选择空气清新、温暖湿润、生态条件良好的地区,根据 NY/T 391 的规定,空气污染物浓度不应超过表 3-1 所列的浓度值。

表 3-1　绿色猕猴桃基地空气污染物浓度限量指标

毫克/立方米

项目	主要污染物含量浓度限值	
	日平均	1 小时
总悬浮颗粒物(TSP)	≤0.30	—
二氧化硫(SO_2)	≤0.15	≤0.50
二氧化氮(NO_2)	≤0.08	≤0.20
氟化物(F)	≤7	≤20

注:① 日平均指任何一日的平均指标;② 1 小时指任何一小时的各指标含量不超过该指标。

3. 灌溉水质要求

猕猴桃喜水怕涝,需水量较大,既不耐干旱,又不耐水涝,需要配套的灌溉和排水设施条件。根据 NY/T 391 的规定,绿色猕猴桃产地灌溉水中的各项污染物浓度限值应符合表 3-2 的要求。

表 3-2　猕猴桃果园灌溉水各项污染物浓度限值　(毫克/升)

项目	指标
pH	5.5~8.5
总汞	≤0.001
总镉	≤0.005
总砷	≤0.05
总铁	≤0.1
六价铬	≤0.1
氟化物	≤2.0
化学需氧量(COder)	≤60
石油类	≤1.0

4. 土壤质量要求

猕猴桃是肉质根,喜疏松肥沃、理化性状良好的轻壤土或沙壤土,pH 5.5～6.5 之间,土壤肥力要达到表 3－3 规定的 Ⅱ 级指标以上。根据 NY/T 391 的规定,土壤污染物限值指标应符合表 3－4 的要求。

表 3－3　猕猴桃园土壤肥力分级指标

项目	级别	指　标
有机质(克/千克)	Ⅰ	＞20
	Ⅱ	15～20
	Ⅲ	＜15
全氮(克/千克)	Ⅰ	＞1.0
	Ⅱ	0.8～1.0
	Ⅲ	＜0.8
有效磷(毫克/千克)	Ⅰ	＞10
	Ⅱ	5～10
	Ⅲ	＜5
速效钾(毫克/千克)	Ⅰ	＞100
	Ⅱ	50～100
	Ⅲ	＜50
阳离子交换量[Cmol(＋)/kg]	Ⅰ	＞20
	Ⅱ	15～20
	Ⅲ	＜15

表3-4 绿色猕猴桃园地土壤主要污染物限量指标

（毫克/千克）

项目	不同 pH 土壤指标	
	pH＜6.5	6.5≤PH≤7.5
总镉	≤0.30	≤0.30
总汞	≤0.25	≤0.30
总砷	≤25	≤20
总铁	≤50	≤50
总铬	≤120	≤120
总铜	≤100	≤120

5. 气候要求

汉中气候温润，适合多数猕猴桃品种生长。但以下列条件为佳：年平均气温 13.6℃ 以上，1 月平均最低气温 2.4℃ 以上，大于 10℃ 有效积温≥4 000 小时以上，年降水量为 800 毫米以上，年日照时数 1 300 小时以上，海拔高度 1 000 米以下的区域。

三、绿色猕猴桃果品安全质量要求

根据 NY/T425 相关规定，绿色猕猴桃果品质量应达到以下感官、理化和卫生要求。

1. 感官要求

果形：具有该品种的特征和果形，果形良好，无畸形果。

色泽：全果着色、色泽均匀，具该品种特征色泽。

果面:果面洁净,无损伤及各种斑迹。

果肉:多汁,软硬适度,具该品种特征特色。

风味:酸甜适度,香或清香。

成熟度:应达到生理成熟,或完成后熟。

缺陷果容许度:批次产品中缺陷果个数不超过 4%,其中腐烂果不超过 1%。腐烂果在产品提供给消费者前应剔除。

2. 果品理化要求

对果品的理化要求见表3-5。

表3-5　绿色食品猕猴桃果品理化要求

项目		指标
可溶性固形物(%)	生理成熟果	≥6
	后熟果	≥10
总酸量(以柠檬酸计)(%)		≤1.5
固酸比	生理成熟果	≥6:1.5
	后熟果	≥10:1.5
维生素 C(毫克/千克)		≥1000
果实纵径(毫米)		≥50
单果重(克)		≥80

3. 卫生要求

绿色食品猕猴桃卫生要求、果品中重金属及其他有害物质含量,需控制限量在一定范围内,具体情况见表3-6。

表 3-6 果品卫生要求 （毫克/千克）

项目	指标
砷（以 As 计）	≤0.2
铅（以 Pb 计）	≤0.2
镉（以 Cd 计）	≤0.01
汞（以小时,克计）	≤0.01
氟（以 F 计）	≤0.5
稀土	≤0.7
六六六	≤0.05
滴滴涕	≤0.05
乐果	≤0.5
敌敌畏	≤0.1
对硫磷	不得检出
马拉硫磷	不得检出
甲拌磷	不得检出
杀螟硫磷	≤0.2
倍硫磷	≤0.02
氯氰菊酯	≤1
溴氰菊酯	≤0.02
氰戊菊酯	≤0.1

注：其他农药施用方式及其限量应符合 NY/T 393 的规定。

第四章
苗木培育

猕猴桃苗木培育,可采用实生播种、嫁接、扦插、压条和组织培养等多种方法。汉中地处秦巴山区,野生猕猴桃资源丰富,用野生猕猴桃种子培育实生苗,然后嫁接,是目前应用最广泛的繁殖苗木的方法。

一、种子采集

选择生长健旺、无病虫害、品质优良的野生美味猕猴桃植株,在9月下旬至10月上旬,采摘果实大、品质好的鲜果,堆积软熟后,淘洗出种子,放在通风干燥处阴干。

二、苗木培育

1.大田育苗

(1)沙藏处理。大田育苗的种子需经低温沙藏后才能出苗,否则出苗很少。具体做法是:播种前30~40天,将种子用3%的高锰酸钾溶液浸种1小时,取出用清水冲洗干净后用凉水浸泡,充分吸水后捞出。选择阴凉通风的房间(种子数量不多时,可用木箱或花盆),将种子和干净的湿沙子混合堆积。河沙的数量一般是种子的5~10倍,沙的水分含量要适中,以手捏沙成团,松手散开为宜。每隔1周翻动一次,使之通气,并检查调整沙子的湿度。

(2)苗圃地选择与整理。选择土壤疏松、排灌方便、背风向阳、

pH 5.5～6.5 的沙质壤土作苗圃用地。亩施腐熟的有机肥 2 000～3 000 千克,同时用菌毒清等进行土壤消毒灭菌,然后深翻,再浅耕细耙,整好地面。育床规格:宽 1.0～1.2 米,长 5～10 米,苗床内将土耙碎倒平。

(3)播种与移栽。汉中一般在 3 月上旬播种。用水将苗床浇透、浇匀,待水渗下后即可播种。每亩播种量 3.5 千克,每平方米播种 5 克左右。种子与细土混匀后,均匀撒播或条播,播后覆上一层细沙土或腐殖质土,厚 3～5 毫米;稍干燥后加盖草被或塑料薄膜覆盖,保持土壤湿度,及时灌水。出苗 30% 以上后,分期揭去覆盖物。幼苗搭荫棚遮阴。待小苗长出 3～5 片真叶时,间苗移栽,株行距(4～5)厘米×(10～15)厘米。

2. 容器育苗

猕猴桃在日光温室或塑料拱棚中育苗,具有出苗早、成苗率高、幼苗根系发达、苗期不易感病、苗床不长杂草、苗齐苗壮、移栽后缓苗快、育苗周期短等优点,有利于工厂化大规模繁育。

(1)种子处理。进入 12 月份,将种子放入常温水中浸泡 24 小时,漂去水面上的瘪种,将沉底的种子捞出沥干,装入纱布袋,放入 5℃冰箱或冷库中低温贮藏,每 15 天检查 1 次,防干、防霉。2 月上中旬取出,在 10℃ 和 20℃ 条件下变温处理。播种前 3～4 天,将种子用 0.3% 赤霉素浸泡处理 24 小时,捞出沥干,在室内摊薄晾干种子外表水分,即可播种。

(2)适时播种。小拱棚育苗,3 月上中旬播种为宜;塑料大棚用地热线加热育苗,可提前到 2 月中下旬播种。将配好的基质膨松后装入穴盘,刮去盘面上多余的基质。用穴盘打孔器在穴盘正中央打孔,深 0.2～0.3 厘米。采用手工或用穴盘播种器播种,每穴播种 2～3 粒,用基质盖好刮平,覆盖厚度以 0.2～0.3 厘米为宜。将播种好的穴盘整齐排放在苗床上,洒足水,及时扣小拱棚,覆盖草帘或保温被。

(3)遮阴保温。播种后 2～3 周开始出苗,出苗 30% 时揭去草帘或保温被,搭棚盖遮阳网遮阴,遮阴度保持在 70% 左右为宜。随幼苗生长,逐渐降低遮阴度。齐苗后,适当通风降温,特别是晴天中午,要及时通风,棚内温度控制在 22～25℃,傍晚及时覆膜保温,低温天气夜间要加盖草帘或保温被,保持棚内温度在 15℃ 左右。

(4)浇水。穴盘的穴孔容积小,基质量少,要根据基质含水量,选择晴好天气中午浇水,保持穴盘湿润。

(5)追肥。幼苗生长到两片真叶后开始追肥,每隔 10～15 天喷 1 次 0.1%～0.3% 尿素溶液。

(6)间苗炼苗。当幼苗长有 3～5 片真叶时,剔除单穴双苗中的弱苗、病苗或畸形苗,或将壮苗移入空穴,保持一穴一苗。移栽前 7～10 天,选择阴天、多云天移去遮阴篷炼苗;移栽前 2～3 天浇透水,以保证移栽时少伤根。可带基质移栽到大田或育苗钵(袋)。

3.实生苗管理

移栽后要及时浇透水,同时要搭上遮阴篷,遮阴度以有 40%～50% 的透光性为宜。苗圃如遇干旱及时浇水。5 片真叶以后,每隔 10～15 天,叶面喷洒 0.1%～0.2% 尿素溶液或 0.2% 的磷酸二氢钾液 1 次,促使苗健壮生长。视情况定期锄草、松土。待苗茎长到 30～50 厘米及时摘心。苗期要注意病虫害防治。

三、苗木嫁接及管理

1.品种

猕猴桃嫁接品种应采用经过省级及以上果树(林木)品种审定委员会审定,要适应当地生态条件,砧木与品种亲和性好的优良品种。

2.接穗采集与保存

接穗应从品种纯正、长势健壮、无病虫害的丰产优良株上采集。冬季修剪采集的接穗应及时沙藏或者冷库贮藏。夏季接穗随采随用。同时采集雄株接穗,雌雄株比例不低于8∶1,且花期相遇。采集的接穗要标记品种、雌雄等信息,以免混杂。

3. 嫁接时期与方法

一般除伤流期外均可以嫁接,以伤流前半个月嫁接成活率最高。嫁接方法有切接(见图4-1)、舌接(见图4-2)、劈接(见图4-3)等。可露地嫁接,也可以在室内嫁接。春季在伤流前或伤流后嫁接,夏秋季嫁接在苗圃中进行,夏季在6月上旬~7月初接穗半木质化后,带木质芽接(见图4-4)、舌接、劈接或单芽切接;秋季嫁接于8月中旬至9月中旬,带木质芽接,将接芽全部包严,不剪砧。

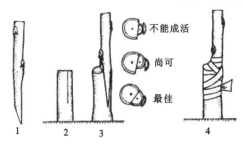

1.削接穗;2.切砧木;3.形成层对齐;4.绑扎

图4-1　切接

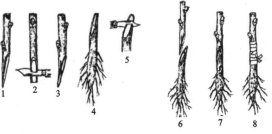

1.削接穗;2.切削接穗;3.切削后的接穗;4.削砧木;5.切削砧木;
6.插接穗;7.砧穗舌接法;8.绑扎

图4-2　舌接

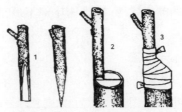

1.削接穗；2.劈砧木插入接穗；3.绑扎

图4-3　劈接

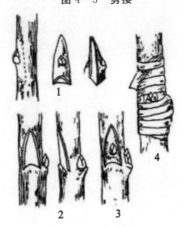

1.削芽片；2.切砧木；3.嵌芽片；4.绑扎

图4-4　芽接

4.移栽

　　春季在室内嫁接的苗子,要及时移栽于苗圃中,株行距(20～30)厘米×(30～40)厘米,定植后浇足水。嫁接苗也可栽植于直径30厘米、高30厘米的无纺布育苗袋或育苗钵中,然后将育苗袋集中排放于大田,集中管理。育苗钵(袋)中培育的实生苗,可直接嫁接,建园时带土移栽,可提高成活率。

5.除萌

　　除接芽外,从砧木上萌发的芽要及时抹除。萌芽后每隔5～7

天进行一次,这是促进嫁接芽成活和生长良好的关键措施。如果接芽没有成活,则要留一个砧木萌芽培育成实生苗,以后继续嫁接。

6. 遮阴

5月下旬至6月上旬,应用遮阳网或者搭棚遮阴,在山区或气温不高的地方育苗,也可以套种早玉米遮阴降温。

7. 浇水与施肥

根据天气和墒情适时浇水,每隔10～15天,叶面喷洒1次0.1％～0.2％尿素溶液或0.2％磷酸二氢钾液,薄肥勤施。根据需要及时中耕、锄草、松土,促进苗木生长。

8. 摘心、解绑

嫁接苗新梢长到50～70厘米时及时摘心。嫁接部位完全愈合时,及时解除砧木上的绑扎物。

四、苗木分级与出圃

1. 质量要求

猕猴桃苗木质量应符合表4-1的要求,不允许使用三年生及以上的老化苗木。

表4-1　猕猴桃苗木质量

级别	指标			
	嫁接口上部5厘米处直径(厘米)	茎干部饱满芽数(个)	根　系	嫁接部愈合程度
一级	美味猕猴桃≥1.0 中华猕猴桃≥0.8	≥5	发达,有3条以上侧根,长度≥20厘米	完全愈合
二级	美味猕猴桃≥0.8 中华猕猴桃≥0.6	≥3	较发达,有3条以上侧根,长度≥15厘米	完全愈合

2. 苗木检疫

苗木除不携带国家规定的检疫对象外,无根结线虫、无溃疡病、无根腐、无介壳虫、无螨类等病虫害也是基本要求。

3. 苗木假植

冬天落叶后可以起苗,起苗后剪去过长或受伤的根,做好苗木越冬保管工作。通常保管在保持一定湿度的假植沟中。假植沟应选在背风、向阳、干燥处。沟宽 0.5~1.0 米,沟深和沟长分别视苗高、苗量确定。挖两条以上假植沟时,沟间距离应在 1.5 米以上。沟底铺湿沙或湿润细土 10 厘米厚,按砧木类型、品种和苗级清点数量,做好明显的标志,斜埋于假植沟内,填入湿沙或湿润细土。

4. 包装

苗木运输前,应用稻草、草帘、麻袋和草绳等包裹捆牢。每包 50 株,或根据用苗单位要求的数量包装,包内苗干和根部应填充保湿材料,确保不霉、不烂、不干、不冻、不受损伤。长途运输时,包装前应在根部蘸上泥浆。包内外应附有苗木标签,注明品种、砧木、等级、株数、产地、生产单位、包装日期等,雌、雄株苗分开包装。

5. 运输

苗木运输应安全及时,运输途中应用帆布篷覆盖,做好防雨、防冻、防干、防火等工作。到达目的地后,应及时定植或假植。

第五章

猕猴桃建园

猕猴桃对环境条件要求较严格,因此在建园时要选择适宜的园地,规划好排灌系统、道路、防风林,选择适宜的品种,合理配置授粉树,采用适宜的架型和架材等。

一、园地选择

猕猴桃园地土壤、灌溉水和空气质量应符合绿色食品产地环境质量标准,交通便利,无污染,人文条件等较好,坡度最好在15°以内,不要大于25°;土层深厚(在60厘米以上),排灌方便,透气和理化性状良好,pH 5.5～6.5,土壤质地为有机质丰富的沙壤土或壤土,地下水位在1米以下,避风、向阳的地带。值得注意的是,土壤板结、透气性差的黏重土壤、偏碱性的土壤、沙性太重的土壤均不适宜猕猴桃的种植。另外,所选地块要求水源充足、排灌顺畅,尤其不要选择地势比较低洼的地段,否则容易积水,导致死树毁园。

二、园区规划

园地选择好以后要进行科学规划,要配置好工作房,设计好排灌系统、田间作业道路等。

1. 划分小区

园地面积较大时,应根据地形、地貌、自然条件等情况,将全园划分为若干作业区，一般以 10～15 亩为一作业小区，长不超过 100 米，宽 60～80 米左右。栽植行向宜选择南北向。

2. 道路设置

小区以道路隔开，道路设置应便于园内管理、机械作业和车辆运输，一般主干道路宽 6 米，作业道路宽 4 米。

3. 排灌系统

排水系统可与道路配套进行，排水系统规格要根据土壤类型制定。壤土和黏土，特别是水稻土和黄泥土等黏重地块，主沟深 0.8～1.0 米、宽 1.0～1.5 米，支沟深 0.6～0.8 米、宽 0.5～0.6 米，使主、支排水沟渠互通，并保持 3°～5° 的比降。沙壤土地块可适当降低沟渠宽度和深度，也可埋设地下输水管道进行排水。山地果园要建环山沟渠，防止山水进园，在园区道路和梯田内侧建排水沟，并保持沟渠通畅。配套蓄水池、机井等供水系统，灌溉方式宜采用微喷灌、滴灌等，提倡肥水一体化。

4. 防风林

多风地区在主迎风面距猕猴桃园 5～6 米处，建设防风林带或人造防风障。防风林栽植 2 排，行株距(1.0～1.5)米×1.0 米，呈"V"形错位栽植，树高 10～15 米，树种以香樟、水杉、柳树等乔木为主，在乔木之间加植灌木树种。面积较大的果园，在果园迎风面每隔 50～60 米设置一道单排防风林。或在主迎风面建设 10～15 米高的人造防风障。

5. 附属设施

猕猴桃基地需配套建设农资库、工具库、配药场、积肥堆沤场、包装分级场、贮藏冷库，以及水肥一体化机房等必需的生产附属设施。

三、整地改土

汉中有沙壤土、水稻土和黄泥土等土壤类型,地形有山地、丘陵和平地3种。所以,猕猴桃栽植前要根据土质和地形条件进行整地改土。

1. 平地及坡度 15°以下的缓坡地

(1)整地。根据园区规划,结合修建道路、沟渠,采用全园翻耕改土。水稻土和黄泥土等黏重地块,翻耕深度不小于1米。

(2)起垄。平地及坡度15°以下的缓坡地需起垄,垄沟深度视排水难易而定。沙壤土垄沟深60厘米、宽50厘米;水稻土和黄泥土等黏重地块垄沟深60~80厘米、宽50~60厘米。也可采用双行单畦起垄;将起垄、开沟产生的土回填到栽植垄行中心,形成高出畦面25~30厘米的栽植行带。在垄面每亩施入符合NY/T 394规定的腐熟有机肥3 000千克或商品有机肥1 200千克,再旋耕整理成中间高两边低呈龟背状垄面。园地主、支排水沟渠要通畅,一般主排水沟深0.8~1.0米、宽1.0~1.5米(见图5-1)。

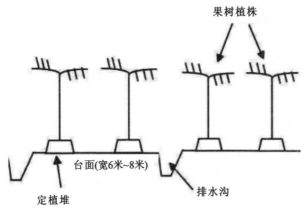

图 5-1　起垄栽植示意图

2.坡度 16°～25°的山坡地

坡度 16°～25°的山坡地需改坡为梯。以等高线水平间距 4 米宽划线,开挖梯地,随弯就势,平高垫低,使梯面宽≥3 米。从梯地中心挖出宽 1 米、深 0.8 米的栽植沟,沟内回填玉米秸秆、稻草、麦秸或锯末等有机物,每施施入腐熟有机肥 3 000 千克或商品有机肥 1 200 千克,混土拌匀,分层填埋,形成高出地面 25～30 厘米的栽植行带。在梯地内侧挖深、宽各 30 厘米的排水沟,其土可用于梯地外侧筑土埂,整理后的梯面略向内倾斜 2°～3°(见图 5－2)。

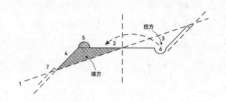

1.原坡面;2.梯地面;3.挖方;4.填土;5.土埂;6.排水沟;7.土坎

图 5－2　山坡地整地示意图

四、品种选择

1.品种选择

品种选择要遵循抗逆性强、品质好、商品性好、丰产性好的原则。汉中地区美味猕猴桃宜选用翠香、徐香、瑞玉、农大猕香等,中华猕猴桃宜选用农大金猕、脐红、阳光金果等。

(1)翠香。原名"西猕 9 号",是西安市猕猴桃研究所和周至县农技试验站于 1998 年开展野生猕猴桃资源调查时发现的优株,后经过连续十余年的选育和区域试验,于 2008 年 3 月通过陕西省果树品种审定委员会审定。果实长卵形,稀被黄褐色硬短茸毛,易脱落;果个中等,平均单果重 92 克;果肉翠绿色,有芳香味,甜酸爽口,品质优良。可溶性固形物含量 16%～18%,每 100 克鲜果果肉维生素 C 含量 150 毫克。果实成熟早,汉中 9 月上旬果实成熟。在室温条件下后熟期约 10 天,1℃条件下可贮藏 2 个月。该品种长势中庸,丰产性好,抗病性较强。

(2)徐香。原代号"徐州 75-4",是江苏省徐州市果园 1975 年从中国科学院北京植物园引入的美味猕猴桃实生苗中选出,1990 年 11 月通过省级品种审定。徐香适应性强,在汉中市各县区表现良好。果实圆柱形,果形整齐,被黄褐色茸毛,平均单果重 70～80 克。果肉绿色或黄绿色,肉质细嫩,酸甜适口,有香味。可溶性固形物含量 16%,每 100 克鲜果果肉维生素 C 含量 120 毫克。果实耐贮性好,品质中上,果个中等偏小。该品种生长旺盛,抗病性强,在汉中 9 月中旬成熟。在室温条件下后熟期 20～30 天,1℃贮藏库内可存放 100 天以上。

(3)瑞玉。陕西省农村科技开发中心联合陕西佰瑞猕猴桃研究院,以"秦美"作母本、"K56"作父本,进行杂交选育的美味系早中熟绿肉新优品种,2015 年 1 月通过陕西省果树品种审定委员会审定。果实长圆柱形兼扁圆形,果皮厚、黄褐色,密被黄色硬茸毛,果顶微凸,平均单果重 90 克。果肉绿色,细腻多汁,风味香甜;可溶性固形物含量 21%,每 100 克鲜果果肉维生素 C 含量 118 毫克。该品种生长旺盛,在汉中 10 月上旬成熟,常温下后熟期 30 天,冷藏可贮藏 5 个月左右。

(4)农大猕香。西北农林科技大学猕猴桃试验站从猕猴桃品种"徐冠"实生后代中选出的猕猴桃新品种。2015 年通过陕西省果树品种审定委员会审定。果实长圆柱形,果皮褐色,被短茸毛,果顶较平,平均单果重 98 克。果肉黄绿色,细嫩多汁,可溶性固形物含量 17%,每 100 克鲜果果肉维生素 C 含量 243 毫克。该品种树势强旺,抗逆性较强,维生素 C 含量高,具有单生花序的性能,比其他猕猴桃品种节省人力。在汉中 10 月上旬成熟,耐贮性较强。

(5)农大金猕。西北农林科技大学通过金农 2 号×金阳 1 号雄株的杂交选育成的黄肉猕猴桃新品种,2016 年 12 月通过陕西省果树品种审定委员会审定。果实短圆柱形,被稀疏短茸毛,易脱落,平均单果重 80 克。果肉黄色,肉质细嫩、多汁,风味香甜爽口。可溶性固形物含量 21%,每 100 克鲜果果肉维生素 C 含量 120 毫克。该品种长势中庸,在汉中八月下旬成熟。

(6)脐红。西北农林科技大学园艺学院从红阳猕猴桃中选育出来的芽变优系。2014 年 3 月通过陕西省果树品种审定委员会审定。果实近圆柱形,平均单果重 82 克,果皮绿色,无茸毛,果顶下凹。果肉黄绿色,果心周围有放射状红色图案,肉质细、风味甜,具香气。可溶性固形物含量 19%,每 100 克鲜果果肉维生素 C 含量 97.2 毫克。该品种在汉中 9 月上旬成熟,较耐贮。

(7)阳光金果。新西兰佳沛公司培育的精选品种,长卵圆形,果皮浅黄褐色,果面光洁,茸毛稀少,果顶稍凸。果肉金黄色,果形端正,软熟后酸甜可口。该品种适应性强,树势强旺,丰产性好,在汉中 10 月上旬成熟。

2.苗木质量要求

选择品种纯正、嫁接口愈合良好、芽眼饱满、无机械损伤、根系完整且发达、不失水的一至两年生苗。除不得携带国家规定的检疫对象外,还不应携带无根结线虫、介壳虫、根腐病、溃疡病、飞虱、螨类等病虫害。苗木质量等级不低于二级(见表 4-1)。

五、栽植技术

1.栽植时期

从落叶期至翌年春季萌芽前均可栽植。秋栽于 10 月中下旬至 11 月底进行,提倡秋季带叶、带土(球)移栽。秋季气温适宜,缓苗期短,冬前可长出新根,翌年可直接萌芽抽枝。春栽应于 2 月底前结束。

2.栽植密度

栽植密度可根据品种特性、立地条件、管理水平、架型树形等来确定。若猕猴桃品种生长势强、土壤肥力好、机械化作业程度高,则可定植稀些;反之则定植密一些。一般采用株行距(2～3)米×(3.5～4)米,亩栽 55～95 株。建议美味系猕猴桃株距 3 米,中华系猕猴桃株距 2 米。

3.雌株雄株搭配

猕猴桃为雌雄异株果树,授粉非常重要。栽植时,要选择与雌株品种花期相近,生长势强、花量大、花粉多且生活力强、授粉效果好的雄株品种。雌株和雄株比例按 5∶1、6∶1、8∶1 的比例搭配栽植(见图 5－3)。

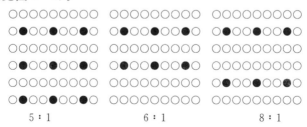

5∶1　　　　　　6∶1　　　　　　8∶1

○雌株　●雄株
图 5－3　猕猴桃雌雄配置示意图

近年来,为了增加空间利用率和提高自然授粉效果,有的园区应用了新西兰直公树模式。直公树模式就是雄株成行栽植,一行雄株、一行雌株,循环栽植(见图 5－4)。雄株和雌株的行距都是 3.6～4.0 米,雌株的株距 3 米,雄株的株距 6 米、9 米或者 12 米。建园的前 3～4 年,雄株行可以栽植雌株产生一定收益,等到雄株的主蔓长成后,再把雌株回缩间伐。该模式与牵引架配合应用,在授粉结束后立即对雄株进行重度修剪，为雌株让出结果空间。

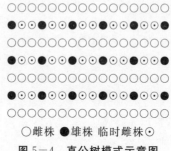

○雌株 ●雄株 临时雌株⊙

图 5-4　直公树模式示意图

4. 栽植方法

（1）根系处理。剪去苗木损伤的根系，短截 30 厘米以上的长根。栽前先用泥浆蘸根，泥浆中同时配入符合 NY/T 393 规定的杀虫剂、杀菌剂和生根粉。噻唑磷可防治作物根结线虫，但使用时不能直接与根系接触，可每亩用 10％噻唑磷水剂 1.5～2.0 千克，拌细土 5 千克，撒于栽植穴。

（2）定植。在定植点挖开表土，将穴心土堆成凸状，把苗放入定植坑内，使根系均匀分布在穴心土堆周围，边回填熟土边向上轻提苗木，使根系舒展。嫁接苗建园，应解除绑膜，按雌雄株搭配比例，先栽雄株再栽雌株，嫁接口要高出土面（见图 5-5）。

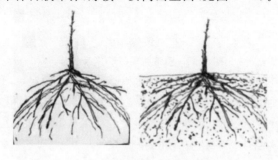

图 5-5　猕猴桃定植示意图

六、栽后管理

1. 浇水覆盖

栽后及时浇足水,等水完全渗入地表后,树盘可用秸秆或地膜进行覆盖。

2. 定干

苗木定植后保留 2～3 个饱满芽定干。大苗建园的主干可适当留高,剪口至最上一个芽苞至少距离 5 厘米,否则容易干枯,影响萌芽。

3. 插杆引绑

春季萌芽后,选留一个生长健壮的枝蔓培养,其余抹去或摘心。在靠近苗木处插一根竹竿,将选留的枝蔓按照"8"字形绑蔓法固定在竹竿上,防止风吹折断,随着枝蔓的向上生长,每隔 20～30 厘米绑蔓一次,牵引向上生长,避免风折或缠绕。如果已搭架,建议绑缚塑料线(绳)牵引枝蔓。

4. 遮阴

栽植当年在离树 1 米之外套种早玉米等作物遮阴,以防夏季高温危害。

5. 施肥

栽植当年,当新梢长到 50 厘米以上时薄肥勤施,以氮肥为主。每次株施磷酸二铵 0.1 千克,或者株施沼液、沼渣 5～10 千克。

七、架型与架材

猕猴桃是藤本植物,必须在苗木定植前后竖立支架。用作支架的材料通常是用钢筋及水泥砂石制成的水泥柱,既牢固又耐用。猕猴桃常采用的架型有"T"形架和大棚架,近年来,城固、西乡等县区的部分猕猴桃基地采用了新西兰高枝牵引架型。各地应根据品种特性、立地条件和管理水平等因地制宜选择合适的架型。

1. 架型

（1）大棚架。平地和缓坡地宜采用大棚架。沿行向每隔6米栽植一个支柱，支柱全长2.5米，地上部分1.8米，地下部分0.7米，在支柱顶端垂直于栽植行方向架设粗钢绞线或钢管硬材，在架面上顺行每隔50～60厘米架设一道8#镀锌铁丝或防锈钢丝，角柱和边柱外2米处深埋一地锚拉线，将支柱顶上的架面拉线拉紧固定在地锚上。根据树形改造技术要求，在距支柱顶上部30厘米处，顺行架设一道8#镀锌铁丝或防锈钢丝，用于绑缚主蔓（见图5－6）。

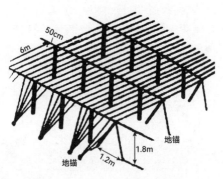

图5－6 猕猴桃大棚架示意图

（2）"T"形架。对地势不平整，地形不规则的梯田和山地，采用"T"形架更方便灵活。"T"形架支柱规格及栽植密度同大棚架，横梁长2米，横梁上顺行架设5道8#镀锌铁丝或防锈钢丝，中间一道架设在支柱顶端。每行两端支柱处埋置地锚拉线，规格及深度同大棚架。根据树形改造技术要求，在距支柱顶上部30厘米处，顺行架设一道8#镀锌铁丝或防锈钢丝，用于绑缚主蔓（见图5－7）。

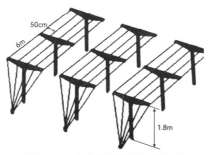

图5－7　猕猴桃"T"形架示意图

（3）牵引架。常见的有"人"字形牵引架和"伞"形牵引架。"人"字形牵引架由大棚架与"人"字形结构牵引架两部分组成。"人"字形结构主要由撑杆、横向连接线和牵引绳组成。撑杆可选用长3米、直径25毫米的镀锌管，或直径35～40毫米的方木或竹竿，长3.0～3.5米。如果是直公树模式，可将撑杆固定在雄株行大棚架立柱上，否则需在撑杆两端开深2～3厘米、宽度略大于钢绞线粗度的长方形卡口，一端卡在行间两支立柱顶端钢绞线的中部，高出架面2.5～3.0米，撑杆顶端卡口用于架设横向连接线。横向连接线选用2毫米粗钢丝或3股细钢绞线，两端与地锚拉线固定绷直，横向连接线上每隔30～35厘米设置一根牵引绳（抗紫外线、耐老化材料做成），按"人"字形交叉，分别系在两侧猕猴桃树所在行中心钢绞线上，与架面呈37°～60°夹角，用于牵引新梢（图5－8）。

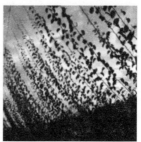

图5－8　猕猴桃"人"字形牵引架

"伞"形牵引架由大棚架与"伞"形结构牵引架两部分组成,"伞"形结构设置在猕猴桃园行间的棚架平面上。"伞"形架撑杆可选用长3米、直径25毫米的镀锌管,或直径35~40毫米的方木或竹竿。如果是直公树模式,可将撑杆固定在雄株行棚架支柱上,否则需在撑杆底端开深2~3厘米、宽度略大于钢绞线粗度的长方形卡口,直立卡在行间支柱顶端的钢绞线上中间部位。牵引绳(抗紫外线、耐老化材料做成)粗度1.5毫米,一端汇总固定在撑杆顶部,另一端分左右两侧,按30~35厘米间距系在猕猴桃树所在行的中心钢绞线上,与架面呈37°~60°夹角,用于牵引新梢(图5-9)。

图5-9 猕猴桃"伞"形牵引架

2. 架材

(1)水泥支柱。粗度12厘米×12厘米,长度2.5~2.8米,内加4根长2.5~2.8米、直径6毫米的冷拔丝作主筋,混凝土标号C25。

(2)角柱和边柱。长为3.0~3.5米,向外倾斜埋入土中100~150厘米,并使用锚石向外牵引。

(3)横梁。大棚架用直径2.2毫米的7根钢绞线作横梁。"T"形架用水泥横梁,粗度6厘米×12厘米;长度3.5~4.0米,混凝土标号C25。内加4根长3.5~4.0米、直径6毫米冷拔丝作主筋。可用粗度6厘米、壁厚3毫米的镀锌钢管作横梁,长度可根据行距宽窄决定。也可就地取材,选用直径12厘米以上刺槐、青冈木等硬杂木作为横梁。

（4）架面拉线。沿猕猴桃行向架设的主要拉线，一般粗度为2.2毫米的钢绞线。两侧拉线相隔40～50厘米，架设直径1.8～2.2毫米的钢绞线各3根。

（5）规范定植架材。水泥架材定植密度，按照猕猴桃苗木定植行向，每6米定植一根水泥支柱。定植穴必须在同一直线上每隔6米先定点号穴，然后人工或者机器开挖定植穴，深度0.5～0.8米，按照定植穴定植好立柱。为使猕猴桃园棚架牢固，要求四周的角柱和边柱加长为3.0～3.5米，栽植时向外倾斜埋入土中1.0～1.5米，角柱和边柱外侧深埋锚石，锚石用7根直径2.2毫米的钢绞线绳缠绕固定并留出地面，与7根架面拉线连接绷紧。

第六章

猕猴桃整形修剪

一、树形结构

猕猴桃采用"一主干,两主蔓,侧枝羽状分布"的树形结构(见图 6－1)。

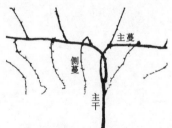

图 6－1 猕猴桃"一干二蔓"树形示意图

在培养"一干二蔓"树形时,注意不要将二蔓沿行向交叉水平引绑在架面上,在引绑二蔓两侧的结果母枝时角度太大,很容易折断(见图 6－2)。

图 6－2 拉枝绑蔓折断状

近年来城固、勉县、西乡等县区猕猴桃基地把整形技术加以改良,将两条主蔓高度下降 30 厘米左右。主要做法是:在距立柱顶部 30 厘米处,顺行架设一道 8# 镀锌铁丝或防锈钢丝,用于绑缚两条主蔓。待主干生长至架面以上时,回缩至架下 50～60 厘米处,选留位置适当、生长健壮的两条枝蔓做主蔓培养,沿行向反向交叉水平引绑在架下 30 厘米处的镀锌铁丝或防锈钢丝上。通过加强肥水管理、适时摘心抹芽等措施使主蔓生长健壮、粗细一致。主蔓两侧每隔 30 厘米选留一个强旺的结果母枝,结果母枝斜向水平上架,呈羽状分布固定在架面上(见图 6－3)。

图 6－3 结果母枝斜向水平上架

二、冬季整形修剪

汉中猕猴桃园冬季修剪,于猕猴桃全部落叶后一周左右开始,一般从 12 月中下旬开始至翌年元月底结束,宜早不宜晚,确保修剪伤口愈合,减轻和避免伤流。对有溃疡病发生的果园修剪时,要常用酒精或其他专门的消毒药剂对枝剪消毒,避免病菌交叉感染。

1.幼树整形修剪

苗木定植后剪留2个饱满芽。春季,从萌发的新梢中选择一生长最健旺的枝条作为主干培养上架。

对未上架的幼树,视情况进行回剪,主干越细弱越回缩重剪,剪口与嫁接口之间至少要保留2~3个饱满芽,剪口至最后一个芽苞至少距离5厘米,否则容易干枯,影响来年萌芽。待来年萌芽后选留一枝健壮新梢作为主干培养,重新培养树形。

2.初挂果树修剪

对于已上架及初挂果幼树,主蔓生长正常时,仅对主蔓上的枝条进行处理,其中生长势较强的枝条在粗度0.8厘米以上位置短截,作为结果母枝;生长势弱的枝条一律留2~3个饱满芽重剪,促发新梢,培养为下年的结果母枝。

对于初挂果树当年结果母枝上抽生的结果枝,选留结果母枝基部、靠近主蔓的良好营养枝,或粗壮结果枝作为下年结果母枝;生长中庸的中短枝,则重剪留2~3个饱满芽。对过于密集的枝蔓,要适当疏除,不能影响树形的培养;主蔓同侧的结果母枝保留约30厘米的距离。

3.盛果树整形修剪

盛果期果树修剪的目的是维护树形良好的骨架结构,保持地上地下营养生长和生殖生长的平衡,延长经济寿命。

(1)更新结果母枝。选留离主蔓较近从原结果母枝基部发出,或直接着生在主蔓上的中庸枝作结果母枝,剪截到饱满芽处。将前一年的结果母枝回缩或疏除(见图6—4)。

(2)培养预备枝。没有留做结果母枝的枝条,选择着生位置靠近主蔓的枝条,剪留2~3个芽培养为来年的结果母枝。其他病虫枝、干枯枝和细弱枝等全部疏除。

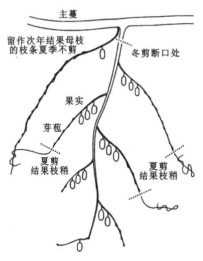

图 6-4　结果母枝修剪示意图

（3）引绑枝蔓。将所留的结果母枝按 30 厘米左右的枝间距，均匀地固定在架面上（见图 6-5）。引绑枝蔓要做到绑早、绑直、绑平、绑匀、绑牢。

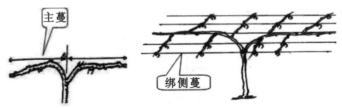

图 6-5　引绑枝蔓示意图

绑早：修剪后立即进行，最迟在 2 月底完成。过迟易碰掉花芽，损伤枝条易出现伤流，对树势生长极为不利。

绑直：主干、主枝、母枝一律要扶正拉直后再绑，过于弯曲的可用棍棒背直后固定。

绑平：先将主蔓在两侧中心架丝上绑死绑牢，然后把母枝由中心架丝向两边分开，向外围拉平，保证架面平整、整齐。

绑匀：母枝间距30~50厘米，枝组由下向上、由内向外呈放射状分布，长短枝搭配、插空，分布均匀，做到不重叠，不交叉。

绑牢：要求绑绳既牢固不滑动，也不勒伤枝条。

三、生长期修剪

猕猴桃枝条生长量大，一般3年就完成整形工作。生长期修剪可调整树体生长发育，减少枝蔓无效生长，改善光照条件，增加叶幕层内通风透光性能，提高营养物质利用率，使树形早成形、早开花、早结果。

1. 抹芽

从萌芽期开始，及时抹除着生位置不当的芽和密生芽、弱芽。结果母枝保留芽间距15~20厘米。对着生在主蔓上可培养为预备枝的芽应根据需要保留，多余的芽也要抹除。

2. 摘心

(1)结果枝摘心。结果枝最上花蕾以上留4~6片叶摘心，萌出的二次枝抹除或继续摘心(见图6-6)，有利于子房发育，提高产量及商品果率。

图6-6　猕猴桃结果枝摘心示意图

（2）徒长枝摘心。不能利用的徒长枝及时抹除；从主蔓或结果母枝基部发出的徒长枝，如位置适宜，留3～5个芽短截，重新发出的二次枝，可培养为中庸的更新枝。

（3）发育枝摘心。摘心可使猕猴桃幼苗或者小树长壮。在新梢变细、即将缠绕生长时进行摘心（见图6－7）。对自动停长的枝条可不摘心，尽量减少操作次数，防止萌发大量秋梢。摘心后发出的二次枝同样只留一个，在二次新梢生长变慢、开始缠绕时摘心。

图6－7　猕猴桃幼树摘心示意图

3.捏尖

捏尖是在开花前破坏新梢生长点，抑制枝梢延长生长，避免与花果争夺养分。捏尖时力量合适，拿捏到位。力量过轻达不到效果；力量过重则会捏断成为摘心，引发二次枝。捏尖后的中庸枝条一般不会萌芽，树势很旺的会萌发1～2个芽，2个芽的很少，相比摘心，可以延缓和减轻二次枝萌发。

4.疏枝

根据架面大小、树势强弱以及结果枝和营养枝的比例，确定适宜的留枝量。疏枝从5月份开始，6～7月枝条旺盛生长期是关键时期。主要疏除下一年不能利用的外围发育枝、徒长枝、细弱枝、过密枝、双芽枝以及病虫枝等。结果母枝上 5～20 厘米保留一个结果枝。对萌发于主蔓或结果母枝基部的徒长枝，留 4～6 片叶重剪转势，促发中庸枝，培育成为下一年结果良好的母枝。

5.绑蔓

新梢长到 50 厘米左右、已半木质化时开始绑蔓。将新梢生长方向调顺，不互相重叠交叉，在架面上均匀分布，扩大枝蔓受光面，每隔 2 周至 3 周全园检查，随长随绑。猕猴桃枝条大多向上直立生长，在前期与基枝的结合不很牢固，绑蔓时要注意防止拉劈，对强旺枝可在基部拿枝软化后再拉平绑缚。绑缚要求牢固不滑动，不能绑缚过紧，使新梢能有一定活动余地，以免影响加粗生长。

四、雄株修剪

冬季只对缠绕枝、细弱枝和病虫枝进行回缩和疏除。生长期修剪于谢花后 7～10 天进行，将开过花的枝条回缩更新，同时疏除过密枝、细弱枝和病虫枝。

第七章

猕猴桃花果管理

猕猴桃花果期管理在整个周年管理中是十分关键的一环，直接关系到当年的产量和质量，主要包括疏蕾、授粉、疏果和套袋等工作。

一、疏蕾

结果枝上主侧花蕾分离后开始疏蕾，首先疏去侧花蕾、畸形蕾、弱小花蕾、病虫危害蕾，再根据结果枝的强弱调整花蕾数量，强壮的长果枝留5～6个花蕾，中庸的结果枝留3～4个花蕾，短果枝留1～2个花蕾。在一个结果枝上，先疏除基部花蕾，再疏顶部花蕾，尽量保留中部的花蕾。

二、授粉

猕猴桃以自然授粉为主。在雄树配置不合理，或蜂源不足，或受气候影响，蜜蜂活动不旺盛，影响充分授粉时，需要人工辅助授粉。授粉应在雌花开放后2～3天内完成，最好连授2～3次，确保充分授粉。

1. 蜜蜂授粉

在10%的雌花开放时，每公顷果园放置活动旺盛的蜜蜂5～7箱，每箱不少于3万只。由于汉中猕猴桃在油菜花谢之后开放，自然环境中存在大量的蜜蜂，有利于授粉。

2. 人工辅助授粉

花粉可以采集含苞待放的铃铛雄花,分离出花药,在 25～28℃恒温箱中 8～12 小时即可自制出来。也可通过正规渠道购买商品花粉。纯花粉可用石松子粉等辅料稀释 2～10 倍,用电动喷粉器喷粉。

三、疏果

谢花后 10～15 天开始疏果,疏除畸形果、伤果、小果、病虫危害果等,保留发育良好、果形端正的果实。根据结果枝的长势调整果实数量,为来年预留的结果母枝一般不留果,长势强旺的可以留 1～2 个果,其他健壮的长果枝留 4～5 个果,中庸枝留 2～3 个果,短果枝留 1～2 个果。对于幼树、弱树和病树,一般不宜留果,以恢复树势为主。

四、套袋

果实套袋,不但能有效地防治病虫害和日灼,降低农药残留,还能改善果实的外观,使果面洁净、色泽均匀,从而提高果实的商品性和安全性。

谢花后 40～45 天开始套袋。套袋前仔细喷一遍附录 1 推荐的杀虫杀菌剂。选用透水透气性良好的木浆纸袋做猕猴桃专用果袋。美味系品种宜套浅色单层纸袋,中华系品种宜套外灰内黑单层纸袋。用左手托住纸袋,右手撑开袋口,将幼果套入袋内,使果柄卡在袋口中间开口处,将袋口两边向中间打褶到果柄部位,再用袋口边层粘好的铁丝折弯夹住袋口。采果前一周除袋。

第八章

猕猴桃土肥水管理

一、土壤管理

土壤是猕猴桃生长与优质高产的基础,是水分和养分供给的源泉。土层深厚、土质疏松,则土壤中有益微生物活跃,就能提高土壤肥力,有利于根系从土壤中吸收水分和矿物质元素,促进树体生长、提高果实产量和品质。所以,加强土壤的科学管理,不断改善和协调土壤的水、肥、气、热条件,提高土壤肥力,有利于猕猴桃根系及树体生长。

1. 深翻改土

从建园开始,沿定植穴外侧,逐年进行深翻,扩穴改土,深度在40~50厘米。深翻时,表土与心土分放,将表土与有机肥混合填入底层,心土在表面。深翻时间一般在秋季采果后进行。翻后及时灌水。深耕要防止伤及大根。

2. 覆盖

5月上旬,先在树盘撒施少许氮肥并浅锄,再覆盖粉碎的玉米秆或稻草、麦秸等,厚度10~15厘米。覆草时注意避开树干基部。

3. 间作

幼树期间营养带上不允许套种任何作物,但在间作带内种植矮秆农作物,可提高土地利用率,增加收入,还可疏松土壤,抑制杂草生长。

（1）间作蔬菜。①葱蒜类蔬菜：如大葱、韭菜、小米辣椒等，因为这类蔬菜根系易分泌出一些可杀害土壤中的细菌、真菌、线虫等的物质，有利于减缓猕猴桃园病害的发生；②叶菜类：如生菜、茼蒿、五月慢大青菜、白菜、芹菜等；③间作豆类蔬菜：如豇豆、架豆、豌豆等，这类蔬菜能提高土壤当中矿质元素的含量，减少猕猴桃园氮肥使用量。这种循环互补的套种模式可以大幅增加猕猴桃园的经济效益。

（2）间作菌类。2020 年，西乡县嘉果园猕猴桃种植繁育中心，在猕猴桃幼园行间种植早玉米为猕猴桃遮阴，9 月中旬，利用玉米秸秆种植大球盖菇，并播种毛苕子给菌床增温保湿，种菇获得经济效益，菌渣作为有机肥，增加了土壤有机质。

（3）间作豌豆、蚕豆、大豆、绿豆、花生等豆科作物，以及元胡、白及、黄精、天麻等中药材。

4.果园生草

果园生草可以增加果园有机质，减少灌溉次数，改良土壤结构，改善果园生态环境，是猕猴桃提质增效的关键技术之一。果园生草包括种植绿肥和自然生草两种方式。

（1）种植绿肥。猕猴桃行间种植毛苕子、鼠茅草、黑麦草、箭筈豌豆等绿肥作物效果较好。绿肥作物长到 30～35 厘米时，刈割还田。

（2）自然生草。清除恶性杂草，以及营养带内的杂草，保留行间自然生长的马唐、狗尾草、虎尾草、牛筋草、车前草、蒲公英、荠菜、马齿苋、野苜蓿等一年生矮秆、浅根性杂草，夏季长到 30 厘米左右时或追施肥料时，要及时刈割。

值得注意的是，近几年推行果园生草，也出现了一些极端现象，如放任杂草生长，草种杂乱等，草与树争肥争水，影响果树生长。

二、科学施肥

1. 肥料使用原则

(1)持续发展原则。绿色食品生产中所使用的肥料应对环境无不良影响,有利于保护生态环境,保持或提高土壤肥力及土壤生物活性。

(2)安全优质原则。绿色食品生产中应使用安全、优质的肥料产品。肥料的使用应对作物(营养、味道、品质和植物抗性)不产生不良后果。

(3)化肥减控原则。在保障植物营养有效供给的基础上减少化肥用量,兼顾元素之间的比例平衡,无机氮素用量不得高于当季作物需求量的一半。

(4)有机为主原则。绿色食品生产过程中肥料种类的选取应以农家肥料、有机肥料、微生物肥料为主,化学肥料为辅。

2. 肥料使用规定

(1)允许使用符合 NY/T 394 要求的农家肥料、有机肥料、微生物肥料及土壤调理剂。

(2)农家肥料应完全腐熟,肥料的重金属限量、粪大肠菌群数、蛔虫卵死亡率等应符合标准要求。耕作制度允许的情况下,宜利用秸秆和绿肥,按照约 25∶1 的比例补充氮肥,配合施用具有生物固氮、腐熟秸秆等功效的微生物肥料。

(3)有机肥料应达到 NY/T 525 技术指标,主要以基肥施入,用量视地力和目标产量而定,可与其他允许使用的肥料配合施用。

(4)微生物肥料应符合国家标准要求,可与其他允许使用的肥料配合施用,用于基肥或追肥。

(5)有机—无机复混肥料、无机肥料在绿色食品生产中作为辅助肥料使用,用来补充农家肥料、有机肥料、微生物肥料所含养分的不足。减控化肥用量,其中无机氮素用量按当地同种作物习惯施肥用量减半使用。

(6)根据土壤障碍因素,可选用土壤调理剂改良土壤。

(7)根据绿色食品肥料使用标准要求,不应使用以下肥料种类:一是添加有稀土元素的肥料;二是成分不明确的、含有安全隐患成分的肥料;三是未经发酵腐熟的人畜粪尿;生活垃圾、污泥和含有害物质(如毒气、病原微生物、重金属等)的工业垃圾;四是转基因品种(产品)及其副产品为原料生产的肥料;五是国家法律法规规定不得使用的肥料。

3.施肥时间和方法

(1)基肥。秋季果实采收后及时施入全部有机肥及全年氮磷钾肥的60%。幼园沿定植穴外侧开始,结合逐年扩穴深翻改土施入。挖环状沟时将表土与心土分放,沟宽30~40厘米、深度40厘米。回填时,将表土与有机肥混合填入底层,心土在表面。全园深翻一遍后,改用撒施,将肥料均匀地撒在树冠下,浅耕15~20厘米,以不伤根为宜。

(2)追肥。猕猴桃追肥的时间、次数、用量,因气候、土壤、树龄、树势等不同而不同。高温多雨区或沙土地猕猴桃园,以及幼树期追肥可采用少量多次。随着树龄增长和结果量增加,根据需肥关键期进行适时追肥。在做好秋季基肥施用的基础上,应抓好以下几个时期追肥:

花前肥。一般于4月上、中旬开花前和新梢开始快速生长时施入。以氮肥为主,主要补充开花坐果对氮素的需要,对弱树和结果多的大树应加大追肥量,如树势强健,基肥数量充足,花前肥也可推迟至花后。施肥量约占全年氮肥施用量的20%。

果实膨大肥。也称壮果促梢肥。此期追肥采用氮磷钾配合施用,追肥时间因品种而异,在疏果结束后进行,氮磷钾肥施入量占全年施用量的20%。这次追肥对果实迅速膨大及花芽生理分化非常重要。

优果肥。在果实成熟期前6～7周,施入全年磷肥和钾肥用量的20％。这次追肥有利于果实后期生长,果实品质的提高,及后期花芽的生理分化。

幼园施肥应离树干50～80厘米穴施或沟施,深度20～30厘米;成龄树离树干1米之外撒施,浅耕10～15厘米。施肥后应灌水。有条件的园区宜推广水肥一体化,精准配比大量及中微量元素肥料。

追肥时,应注意清除施肥区域内的杂草,以提高水肥利用率。

(3)叶面施肥。叶面施肥简单易行、用肥量小、发挥作用快,但根外追肥不能代替土壤施肥,只能作为土壤施肥的补充。叶面施肥应遵循"少量多次、缺啥补啥"的原则进行,一般在开花前后、果实膨大期和采果后,避开中午高温进行。猕猴桃常用根外追肥种类及使用浓度见表8－1。

表8－1　猕猴桃常用根外追肥种类及使用浓度

肥料名称	补充元素	使用浓度(％)	施用时间	施用次数
尿素	氮	0.3～0.5	花后至采收后	2～4
尿素	氮	2～5	落叶前1个月	1～2
磷酸铵	氮、磷	0.2～0.3	花后至采收前1个月	1～2
磷酸二氢钾	磷、钾	0.2～0.6	花后至采收前1个月	2～4
过磷酸钙浸出液	磷	1～3	花后至采收前1个月	3～4
硫酸钾	钾	1	花后至采收前1个月	3～4
硝酸钾	钾	0.5～1.0	花后至采收前1个月	2～3
硫酸镁	镁	0.2～0.3	花后至采收前1个月	3～4
硝酸镁	镁、氮	0.5～0.7	花后至采收前1个月	2～3
硫酸亚铁	铁	0.5	花后至采收前1个月	2～3
螯合铁	铁	0.05～0.10	花后至采收前1个月	2～3
硼砂	硼	0.2～0.3	开花前期	1

肥料名称	补充元素	使用浓度（%）	施用时间	施用次数
硫酸锰	锰	0.2～0.3	花后	1
硫酸铜	铜	0.05	花后至6月底	1
硫酸锌	锌	0.05～0.10	展叶期	1
硝酸钙	钙	0.3～0.5	花后3～5周	1～5
硝酸钙	钙	1	采收前1个月	1～3
氯化钙	钙	0.3～0.5	花后3～5周	1～5
氯化钙	钙	0.5～1.0	采收前1个月	1～3
钼酸铵	钼、氮	0.2～0.3	花后	1～3

4. 施肥量

根据品种、树龄、树势、目标产量与土壤肥力确定施肥量。肥料中氮、磷、钾的配合比例为1∶（0.7～0.8）∶（0.8～0.9），有机氮与无机氮的配比不低于1∶1，并根据需要加入适量铁、钙、镁、锌、硼等中微量元素肥料。不同树龄的猕猴桃园参考施肥量见表8－2。

表8－2　不同树龄的猕猴桃园施肥量参考表　千克/亩

树龄	年产量	年施用肥料总量			
		优质农家肥	化肥		
			纯氮	纯磷	纯钾
1年生		1 500	4	2.8～3.2	3.2～3.6
2～3年生		2 000	8	5.6～6.4	6.4～7.2
4～5年生	1 000	3 000	12	8.4～9.6	9.6～10.8
6～7年生	1 500	4 000	16	11.2～12.8	12.8～14.4
成龄园	2 000	5 000	20	14～16	16～18

注：根据需要加入适量铁、钙、镁、锌、硼等中微量元素肥料。

三、灌溉与排水

灌溉水质量,应符合相关标准的要求。

1. 灌溉指标

土壤湿度保持在田间最大持水量的 70％～80％ 为宜,低于65％时或清晨叶片上不显湿润时应灌水。

2. 灌溉时期

萌芽期、开花前、果实迅速膨大期及夏季高温干旱期,视土壤墒情及时灌溉。采收前 15 天左右应停止灌水。

3. 灌水方式

猕猴桃园提倡节水灌溉,包括喷灌、滴灌和微喷灌 3 种方式,不可大水漫灌。

(1)滴灌。滴灌是机械化与自动化相结合的先进灌溉技术,是以水滴或细小水流缓慢地施于果树根域的灌溉方法,一般只对全树的一部分根系进行定点灌溉。滴灌系统的组成部分是水泵、化肥罐、过滤器、输水管(干管和支管)、灌水管(毛管)、滴水管和滴头。将输水管道(常为硬塑料管)沿行向,距地面 25 厘米左右,固定在猕猴桃的支架上。幼树每株一个滴头,离骨干约 20 厘米。夏季用水顶峰时,以每小时滴 4 升水的速度滴水即可够用。定植后第 2～3 年,每树 2 个滴头,散布在主干两边,离主干约 50 厘米,每小时滴水 4～10 升。成年树在泥土保水性差而特别干旱时,可增加滴头或增加滴水速度。在极端干旱时,成年树的灌溉量大约为每天每平方米树冠投影面积 4～5 升水,约合每株每天 50～100 升水左右。

(2)喷灌。喷灌指模拟自然降雨状态,利用机械动力设备将水喷射到空中,形成细小水滴落下灌溉果园。喷灌系统包括水源、动力、水泵、输水管道及喷头等,喷头设置在树冠之上。喷灌节省劳动力,工作效率高,平地和山坡地均可使用。

(3)微喷灌。原理与喷灌类似,但喷头较小,并设置在树冠之下,其雾化程度高,喷雾距离小(一般直径为1米左右),每个喷头灌溉量很小(通常为30~60升/小时)。微量喷灌法克服了喷灌和滴灌的主要缺点,具有更省水、防止水分渗漏、增加果园空气湿度等优点。在每株树下安置1~4个微量喷头,喷洒速度大,每小时可喷射出60~80升水,不易堵塞喷头,每周供水一次即可。由于微喷灌具有上述优点,猕猴桃园更适合用微喷灌。

4. 排水

建园时根据土壤类型制定排水系统规格,保持园内排水沟渠通畅,防止水涝和渍害。

第九章

猕猴桃病虫草害绿色防控

一、病虫害防控原则

绿色食品猕猴桃生产中病虫害防治应遵循以下原则：

1.以保持和优化农业生态系统为基础，建立有利于各类天敌繁衍和不利于病虫草害滋生的环境条件，提高生物多样性，维持农业生态系统的平衡。

2.优先采用农业措施加强栽培管理，增强树势，如选用抗病虫品种、种子种苗检疫、培育壮苗、科学修剪、通风透光、中耕除草等。

3.利用物理和生物措施，如用灯光、色彩诱杀害虫，机械捕捉害虫，释放害虫天敌等。

4.必要时在确保人员、产品和环境安全的前提下，参照附录1和附录2，科学使用绿色猕猴桃生产允许使用的农药进行防治。

二、主要防控措施

1.严格检疫

调运的种子、苗木、接穗和果实等，除不得携带国家规定的检疫对象外，还不应携带根结线虫、介壳虫、根腐病、溃疡病、螨类等病虫害。

2. 农业防治

优选壮苗,栽植抗性强、不携带病虫害的健壮苗木。加强肥水管理,科学修剪,合理负载。严格清园消毒,剪除病虫枝,清除病僵果和枯枝落叶,刮除树干裂皮和病斑,并集中烧毁或深埋。冬季进行树干涂白,萌芽前用3~5波美度石硫合剂全园喷雾。

3. 物理防治

根据害虫生物学特性,在园内放置糖醋液、诱虫灯、粘虫板、诱虫带及树干缠草等方法诱杀害虫。

4. 生物防治

保护天敌,采取助育和人工饲放天敌控制害虫,以虫治虫。使用植物和动物来源制剂如楝素、苦参碱、大蒜素等,微生物来源制剂如苏云芽孢杆菌、多抗霉素、春雷霉素等来防治病虫害。利用昆虫性外激素诱杀或干扰成虫交配。

5. 药剂防治

(1)农药使用原则。所选用的农药应符合相关的法律法规,并获得国家农药登记许可。应选择对主要防治对象有效的低风险农药品种,提倡兼治和不同作用机理农药交替使用。农药剂型宜选用悬浮剂、微囊悬浮剂、水剂、水乳剂、微乳剂、颗粒剂、水分散粒剂和可溶性粒剂等环境友好型剂型。根据病虫的生物学特性和危害特点,有针对性地适时适量用药,选择使用高效、低毒、低残留、与环境相容性好的农药。优先使用生物源农药和矿物源农药,按照农药产品标签使用绿色食品生产允许使用的农药(详见附录1,附录2),禁止使用剧毒、高毒、高残留、"三致"农药(详见附录3)。

(2)科学合理使用农药。加强病虫的预测预报,做到有针对性的适时用药,未达到防治指标或益害比合理的情况下不用药。根据天敌发生特点,合理选择农药种类、施用时间和施用方法。应按照农药产品标签规定使用农药,控制施药剂量(或浓度)、施药次数和安全间隔期。注意不同作用机理的农药交替使用和合理混用，避免害虫产生抗药性。

三、猕猴桃主要病害及防治

1. 溃疡病

猕猴桃溃疡病是细菌性病害，主要危害枝干和叶片，造成枝蔓或整株枯死。冬春之际多从剪锯口、芽眼、叶痕、枝杈、皮孔、果柄等部位发病，症状最初不易被发现。起初感病部位渗出米粒状乳白色菌脓，或黄白色浑浊黏液。后期伴随伤流，病斑扩大，病部黏液逐渐增多，颜色慢慢变深。皮层有水渍状肿胀，用手按压有松软感，剥开皮层，有红褐色病变。感病枝条慢慢枯萎，不发芽或不抽新梢，即使发芽，也渐渐萎蔫。花蕾受害，变褐枯死。叶片发病后，产生暗褐色具黄晕的不规则病斑。

猕猴桃溃疡菌属低温高湿性侵染细菌，春季旬均温 $10 \sim 14\,℃$，如遇大风雨或连日高湿阴雨天气，病害易流行。地势高的果园风大，植株枝叶摩擦伤口多，有利细菌传播和侵入。在整个生育期中，以春季伤流期发病较普遍，随之转重。谢花期后，气温升高，病害停止流行，仅个别株侵染。防治方法：

（1）选用抗病品种，采用无病接穗。

（2）加强土肥水管理，合理负载，科学修剪，增强树体抗病能力。

（3）清园杀菌，树干涂白，剪除病枝；做好修枝剪、嫁接刀等工具的消毒工作，避免交叉感染。

（4）药剂防治。抓住开花前、开花后、采果后至落叶前的关键时机，交替选用 70% 可杀得三千可湿性粉剂 1 000 倍液，或中生菌素 $600 \sim 800$ 倍液，或梧宁霉素 800 倍液，或 20% 噻菌铜 600 倍液等全树喷雾。

2. 褐斑病

褐斑病主要危害叶片,发病初期,多在叶片边缘产生近圆形暗绿色水渍状斑,在多雨高湿的条件下,病斑迅速扩展,形成大型近圆形或不规则形褐斑。后期病斑中央为褐色,周围呈灰褐色或灰褐相间,边缘深褐色,其上产生许多黑色小点。受害叶片卷曲破裂,干枯易脱落。防治方法:

(1)加强果园管理,清沟排水,高温期降低园内湿度;增施有机肥;科学整形修剪,保持果园通风透光;合理负载,及时清园。

(2)药剂防治。冬季清园后喷施 5 波美度石硫合剂,杀灭枝蔓上的病菌。发病初期可选用 0.3%苦参碱水剂 200～300 倍液,或 1 000 亿孢子/克的枯草芽孢杆菌可湿性粉剂喷施进行防治;也可交替选用 25%嘧菌酯悬浮剂 2 000 倍液,或 70%代森锰锌 600 倍液,或 70%甲基硫菌灵可湿性粉剂 1 000 倍液等药剂,每隔 7～10 天喷 1 次,连喷 2～3 次。

3. 花腐病

花腐病是一种细菌性病害,主要危害猕猴桃的花蕾、花,其次危害幼果和叶片。该病可引起大量落花、落果,还可造成小果和畸形果,严重影响猕猴桃的产量和品质。发病初期,感病花蕾、萼片上出现褐色凹陷斑,随着病斑的扩展,花瓣变为橘黄色,开放时呈褐色并开始腐烂,花很快脱落。受害轻的花蕾虽能膨大但不能正常开放,花药花丝变褐。受害严重时,花蕾不能膨大,花萼变褐,花蕾脱落,花丝变褐腐烂。病菌入侵子房后,常常引起大量落蕾、落花,偶尔能发育成小果的,多为畸形果、受害叶片出现褐色斑点,逐渐扩大导致整叶腐烂,凋萎下垂。防治方法:

(1)加强肥水管理,提高树体抗病能力;改善果园通透条件,及时摘除病蕾病花,减少病源数量。

(2)冬季修剪后和萌芽前,全园喷 3～5 波美度石硫合剂。开花前,可选择 2％春雷霉素可湿性粉剂 400 倍液,或中生菌素 600～800 倍液等进行防治。

4. 灰霉病

猕猴桃灰霉病主要发生在猕猴桃花期、幼果期和贮藏期,主要危害花、幼果、叶及贮运中的果实。花染病,花朵变褐并腐烂脱落。幼果发病时,先在残存的雄蕊和花瓣上密生灰色孢子,果蒂处现水渍状斑,然后幼果茸毛变褐,果皮受侵染扩展到全果,果顶一般保持原状,湿度大时病果皮上现灰白色霉状物,加上与因用铁丝架而流下的黑水混合,果表面发生灰黑色污染物,严重时可造成落果。染病的花或病果掉到叶片上后,引起叶片产生白色至黄褐色轮纹状病斑,湿度大时也常出现灰白色霉状物,病斑扩大,叶片脱落。果实受害后因表面形成灰褐色菌丝和孢子交织在一起,可产生黑色片状菌核。贮藏期果实易被病果感染。防治方法:

(1)高垄栽植,合理灌水和排水,控制果园湿度。

(2)科学整形修剪,防止枝梢徒长。对过旺的枝蔓进行夏剪,增加通风透光,降低园内湿度;及时摘除病叶、病花、病果,清除园内枯枝落叶,带出园外烧毁或深埋处理。

(3)药剂防治。花期阴雨会加重病害发生,花前喷 70％甲基硫菌灵可湿性粉剂 1 000～1 500 倍液,花后一周喷 1 000 亿孢子/克的枯草芽孢杆菌可湿性粉剂,也可交替使用 30％代森锰锌悬浮剂 600～800 倍液,或 50％异菌脲可湿性粉剂 1 500 倍液等进行防治。每隔 7 天喷 1 次,连喷 2～3 次。

5. 根腐病

猕猴桃根腐病为真菌病害,能造成根颈部和根系腐烂,严重时整株死亡。初期在根颈部出现暗褐色水渍状病斑。病部皮层和木质部逐渐腐烂,下面的根系逐渐变黑腐烂,地上部症状一般为叶片萎蔫。防治措施:

(1)选择合适的土质、排灌良好的田块建园。实行高垄栽培，合理排水、灌水，保证果园无积水。及时中耕除草，破除土壤板结，增加土壤通气性，促进根系生长。

(2)避免栽植过深。苗木定植时，接口要露出土面，不能埋在土表下，防止土壤中的白绢病从接口处侵入。若栽植过深，根系呼吸受阻，活力下降，嫁接口易受病菌感染。

(3)增施有机肥，提高土壤腐殖质含量，促进根系生长。主要目的是增加土壤有机质含量和有益菌，改良土壤，促进根系生长。

(4)加强果园管理，增强树势，提高树体抗性。生产上要重施有机肥和多施土壤调节剂。采用合理的灌溉方式，切忌大水漫灌或串树盘灌，有条件的地方可实行喷灌或滴灌。依树势控制负载量，增强树势。

(5)药剂防治。发病轻的可用芽孢杆菌，或代森锌、噁霉灵、甲霜灵等药剂灌根防治。受害重的要挖除销毁。

6. 炭疽病

炭疽病主要危害叶片、枝条和果实。一般从猕猴桃叶片边缘开始，初呈水渍状，后变为褐色不规则形病斑。病健交界明显。病斑后期中间变为灰白色，边缘深褐色，病斑正面散生许多小黑点。受害叶面边缘多个病斑接合在一起，致使叶缘焦枯、卷曲，干燥时叶片易破裂。防治措施：

(1)加强栽培管理，合理施肥，适量挂果，促使树体生长健壮，增强抗病力。注意果园排水，增施肥料，促使树势强健，提高抗病性。

(2)采果后，结合冬剪，剪除病枝，清扫田间枯枝落叶，集中烧毁或深理，减少病原菌越冬基数。

(3)早春萌动期喷 3～5 波美度石硫合剂，减少越冬菌源。发病初期选用 50% 代森锰锌可湿性粉剂 800～1 000 倍液，或 10% 世高水分散颗粒剂 2 000～2 500 倍液进行防治。

7.菌核病

猕猴桃菌核病的病原菌为核盘菌,侵染猕猴桃引起菌核病,主要危害猕猴桃花与果实。雄花受害初期呈水浸状,后变软,最终成簇衰败凋残,干缩成褐色团块。雌花蕾被害变褐,枯萎而不能正常绽开。多雨时病部长出大量白色霉状物。果实受害,初期呈现水渍状褪绿斑,病部凹陷,逐渐转为软腐,少数病果果皮破裂,腐汁溢出而僵缩。切开病部,个别猕猴桃会有空腔形成,后期果皮表面产生不规则黑色菌核粒。危害较轻时留有病斑的果实仍可挂在藤蔓上,病害严重时果实大量脱落。受菌核病危害的果实在贮藏和运输过程中,易出现腐烂,严重影响经济效益。防治方法:

(1)科学夏剪。改善通风透光条件,防止果园荫蔽,减少病害发生。

(2)清除病原。冬季修剪结束后,及时清除果园内枯枝落叶和落果病果,以减少第2年初侵染来源。

(3)药剂防治。在开花前后结合灰霉病防治,可选择菌核净、嘧霉胺、腐霉利、多抗霉素、抑菌脲等药剂进行防治。

8.根结线虫病

猕猴桃根结线虫危害的植株新发嫩芽发黄,症状与缺铁相似。结果少,易落果,味酸品质差。挖开根部观察,受害嫩根上有细小肿胀或出现小瘤,数次感染则变成大瘤。防治方法:

(1)加强检验,严禁从病区调运苗木,栽植不携带病原菌的苗木。加强栽培管理,搞好土壤改良,增强土壤通透性,增施有机肥、生物菌肥,增强树势,提高抗病能力。

(2)药剂防治。定植时,对患病轻的种苗可先剪去发病的根,然后将根部浸泡在阿维毒死蜱中1小时。发病植株用农药灌根,可选药剂有1%阿维菌素缓释粒2 250～2 500克/亩,或25亿孢子/克厚孢轮枝菌微粒剂175～250克/亩,或10%噻唑膦1 500～

2 000 克/亩,或 2 亿孢子/克淡紫拟青霉粉剂 1.5～2.0 千克/亩,或 41.7% 氟吡菌酰胺悬浮剂 0.1～0.3 毫升/株,或 21% 阿维·噻唑膦水乳剂 500～1 000 毫升/亩。也可每亩用 10% 噻唑磷水剂 1.5～2.0 千克,拌细土 5 千克,穴施或沟施。

四、猕猴桃主要虫害及防治

1. 金龟甲类

为害猕猴桃的金龟子有 10 多种,主要有华北黑鳃金龟、铜绿丽金龟、棕色鳃金龟等。以成虫啃食植物的幼芽、嫩叶、花蕾、幼果及嫩梢等,以幼虫(蛴螬)啃食猕猴桃嫩根,危害严重时地上部表现早衰、叶片发黄、早落。防治方法:

(1)深秋或初冬浅耕消灭越冬幼虫,禁止施用未腐熟的农家肥。

(2)在成虫危害期,可用黑光灯或频振式杀虫灯诱杀,或糖醋液诱杀成虫(糖醋液由红糖 1 份、醋 2 份、水 10 份、酒 0.4 份、敌百虫 0.1 份混合而成)。也可采用叶面喷 80 亿孢子/毫升金龟子绿僵菌可分散油悬浮剂 500～750 倍液,或 0.5% 藜芦碱 600 倍液,或 2.5% 高效氯氰菊酯乳油 2 000 倍液,或 25% 噻虫嗪 3 000～4 000 倍液等进行防治。

2. 介壳虫类

介壳虫主要以成虫、若虫附着在树干、枝蔓、叶片、果实上,以刺吸式口器吸食养分,危害严重时在枝蔓表面形成凹凸不平的介壳层。轻者削弱树势,重者全株死亡。猕猴桃园常见的介壳虫有桑白蚧、草履蚧、褐圆蚧等,其中以桑白蚧危害最重。防治方法:

(1)用硬塑料刷或细钢丝刷,刷掉越冬虫体,剪除受害严重的枝条。

(2)萌芽前喷布 3～5 波美度石硫合剂;越冬后第一次孵化盛

期,交替喷螺虫乙酯悬浮剂 2500 倍,或 25%噻嗪酮可湿性粉剂 1 000~1 300 倍液等进行防治。

3. 蝽类

蝽类害虫又叫臭板虫等,危害猕猴桃的主要有绿盲蝽、茶翅蝽、麻皮蝽等。常以若虫和成虫在果实和嫩梢上刺吸危害。叶片被害后失绿变色;幼果受害后局部停止成长形成疤痕,造成果形不正,危害严重时幼果脱落,后期果实被害后果肉木质化变硬,失去商品价值。防治方法:

(1)冬季清除枯枝蔓落叶和杂草;5月底以后,在果园田间放置胶糖醋药饵罐头瓶诱杀、粘杀,或悬挂趋避剂驱蝽王,驱赶蝽象。

(2)越冬成虫出蛰期和幼龄若虫发生期,交替选用 2.5%高效氯氰菊酯乳油 2 000 倍液或 10%吡虫啉可湿性粉剂 1 500 倍液等进行防治。

4. 叶蝉类

危害猕猴桃的叶蝉类害虫有大青叶蝉、小绿叶蝉、黑尾叶蝉、桃一点斑叶蝉等,主要以刺吸口器吸食叶片汁液危害果树。叶片被害后出现淡白点,而后点连成片,直至全叶苍白枯死,严重危害时造成早期落叶。雌虫用产卵器刺入茎部组织里产卵,刺伤枝条表皮,使叶片枯萎,枝条失水枯死。防治方法:

(1)清理落叶杂草,刮除翘皮,减少虫口基数。

(2)越冬代成虫出蛰期和第一、二代若虫孵化盛期,可喷雾 0.3%印楝素乳油 500~800 倍液,或 0.8%阿维·印楝素乳油 750 倍液等进行防治。也可交替喷施 25%噻嗪酮可湿性粉剂1 000~ 1 300 倍液,或 25%噻虫嗪 3 000~4 000 倍液等进行防治。

5. 螨类

螨类害虫以刺吸式口器吸食猕猴桃嫩芽、嫩梢和叶片等汁液,被害部位出现黄白色到灰白色失绿小斑点,严重时连片焦枯脱落。

危害猕猴桃的螨类害虫主要有山楂叶螨、二斑叶螨和四斑叶螨等。防治方法：

（1）结合冬季清园，清除杂草及病虫、枝蔓，刮翘皮、清病权后集中烧毁。释放捕食螨，以螨治螨。

（2）在猕猴桃萌芽前，全园喷 3～5 波美度石硫合剂。平均每叶有 4～5 头时，交替喷施 240 克/升螺螨酯 2 000～3 000 倍液，或 5％唑螨酯悬浮剂 1 000～2 000 倍液，或 1％甲氨基阿维菌素苯甲酸盐乳油 3 000 倍液等防治。

6. 小薪甲

小薪甲属鞘翅目薪甲科花薪甲属害虫。常在两个相邻果挤在一块时为害取食果面皮层和果肉，并形成浅的针眼状虫孔，使果面表皮细胞木栓化，呈片状隆起结痂。受害后小孔表面下果肉坚硬，味差，丧失商品价值。受害果采前变软脱落，或贮藏期提前软化。防治方法：

（1）冬季彻底清园，刮翘皮后集中烧毁。

（2）谢花后，交替选用 0.5％藜芦碱 600 倍液，或 20％甲氰菊酯乳油 3 000 倍液，或 2.5％高效氯氰菊酯乳油 2 000 倍液等进行防治。

五、常见草害及防控措施

猕猴桃园杂草种类比较多，需人工清除水花生、艾蒿、酸模叶蓼、田旋花、葎草、小飞蓬、酸模、白茅、反枝苋、灰绿藜、曼陀罗、刺儿菜等直立、高大、根系深的恶性杂草。除草时禁止使用化学除草剂。可在营养带覆盖防草膜（布），也可在行间种植绿肥作物，或保留马唐、狗尾草、虎尾草、牛筋草、车前草、蒲公英、荠菜、马齿苋、野苜蓿等一年生矮秆、浅根性杂草。留园杂草，夏季长到 30 厘米左右时及时刈割还田。

六、常见生理性病害与矫治

1. 缺铁性黄化病

猕猴桃出现缺铁症状时,新生叶片叶脉间开始失绿,发病轻的植株,仅限于嫩叶叶缘,一般老叶保持绿色,发病严重时,整个叶片或新梢顶端失绿黄化或白化。部分老叶叶缘也会失绿。患有缺铁症的树体所结果实小而硬,果皮粗糙,商品性能严重降低。通常碱性土壤、土壤黏性过重、偏施磷肥、有机肥贫乏等都会引起缺铁性黄化病。防治措施:

(1)在新梢叶片失绿初期,喷施 0.5％ 的硫酸亚铁溶液,或 0.5％ 的硫酸铁铵,每隔 7～10 天喷 1 次,连续喷 3～4 次,也可喷雾螯合铁 2 000 倍液。

(2)在堆制腐熟有机肥时,按每亩加混硫酸亚铁 20～25 千克,与有机肥充分混合,在施基肥时一并施入。对黏性过重的土壤,可改善土壤结构,提高土壤通透性和保土保肥能力。

(3)中性或碱性土中偏施酸性肥料,如氮肥中的硫酸铵、氯化铵,磷肥中的过磷酸钙、磷酸二氢钾,钾肥中的氯化钾、硫酸钾。

2. 缺钙症

猕猴桃对缺钙不太敏感,缺钙症状多见于刚成熟的叶片,并逐渐向幼叶扩展。起初,叶基部叶脉颜色暗淡、坏死,逐渐形成坏死组织斑块,然后干枯、脱落,枝梢死亡。萌发新芽展开慢,新芽粗糙。

防治措施:增施有机肥,改良土壤,早春注意浇水,雨季及时排水,适时适量施用氮肥,促进植株对钙的吸收。也可在生长季节叶面喷施 0.3％～0.5％ 硝酸钙溶液,15 天左右 1 次,连喷 3～4 次,最后 1 次应在采果前 21 天为宜。

第十章

防灾与减灾

威胁汉中猕猴桃主产区的自然灾害主要有晚霜冻害、涝害、干旱、风害、高温日灼等。这些自然现象直接影响猕猴桃的正常生长,降低了猕猴桃的产量和品质,甚至会造成毁灭性的灾害,所以应该注意防范。

一、冻害

汉中猕猴桃在萌芽至开花期常遇到倒春寒,夜间温度短时降至0℃及以下,引起植物组织结冰而遭受霜冻危害。霜冻害的部位主要有花蕾、花芽、一年生枝、皮层、根颈、枝干等,主要症状是树皮开裂、枝蔓干枯、根部腐烂,新梢、花蕾、叶片受冻。冻害直接影响花的形态分化,花粉停止生长或胚珠中途败育,导致猕猴桃授粉、受精不良,嫩叶受冷害而萎蔫。严重时可导致当年绝收,甚至出现死树。防护措施有:

1.科学选址

低洼地冷空气易聚集,常造成冻害、霜冻害,不宜选择建园。

2.提高树体的抗寒能力

多施有机肥,加强秋季肥水管理,提高猕猴桃树体营养积累水平。克服过量结果和大小年结果现象,保持树势强旺,以增强抗寒力。

3.营造防护林

防护林既可防风,又可增加防护林内的温度,缓和气温变化幅度,从而减轻冻害或霜冻害程度。

4.加强抗寒栽培措施

(1)早春灌溉。如有寒流或霜冻到来,可提前浇水灌溉。

(2)根颈培土。用细土对离地面 20 厘米以内的植株根颈部进行覆盖防寒(重点保护嫁接口),并用薄膜覆盖树盘。

(3)萌芽至花期,在寒流或霜冻到来前,全园喷果树防冻剂或喷 0.3%～0.5%的蔗糖或磷酸二氢钾水溶液,或 10%～15%的盐水,增加树体抗寒力。

二、涝害

汉中猕猴桃产区夏秋季节时常出现强降雨天气,水田或低洼地建园的猕猴桃会遭受不同程度的积水涝害。猕猴桃是肉质根,雨水过多,造成土壤水分饱和,供氧不足,透气性差,根系呼吸能力减弱,诱发根腐病。猕猴桃长期渍水后叶片黄化、干枯、早落,严重时植株死亡,而突如其来的暴雨则很容易引起病害加重、裂果发生,特别在幼果期久旱后,裂果严重发生。主要应对措施有:

1.科学选址建园

选择地势较高的地块建园,配套排灌基础设施。

2.开沟排水

当遇到强暴雨或水淹果园时,应根据地形开临时排水沟或用水泵抽水,及时排除园区多余水分,尽量减少水淹时间。

3.全园松土除湿

水淹后园地板结,造成根系缺氧。在脚踩表土不粘时,进行浅耕松土,促发新根。适时追施叶面肥,加快树势恢复。

4. 适度修剪

对于受涝严重的植株,应适当回缩,疏除部分果实,减轻树体负载。疏理枝蔓,合理引绑,改善果园通风透光条件。

5. 避雨栽培

有条件的园区可以安装防雨棚或建设连栋塑料大棚避雨栽培(图10-1)。目前,陕果集团猕猴桃研究所和城固县弥珍公司采用连栋大棚避雨栽培猕猴桃,试验示范均已取得成效。采用防雨棚或建设连栋塑料大棚还有防溃疡病、防冰雹、防低温冻害的作用。

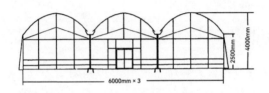

图10-1 连栋塑料大棚

三、干旱

猕猴桃对干旱非常敏感,表现为新梢、叶片、果实萎蔫,果实表面发生日灼,叶缘干枯反卷,有时边缘会出现水烫状坏死,严重时脱落,甚至造成植株死亡。

选择水源充足、排灌方便的区域建园,增施有机肥,改良土壤。采用果园生草和秸秆覆盖等均可提高蓄水保墒能力,但建立自动化灌溉设施,才是抗旱的根本措施。

四、风害

春夏时节,猕猴桃柔软幼嫩的枝梢生长十分旺盛,极易被风吹折,不仅影响当年生长和结果,而且使次年产量受影响。同时,也易使叶片、果实擦伤。为避免和减少风害,除选择避风向阳的地方建园外,应建立防风林或人工风障。在主迎风面距猕猴桃园5～6米处建防护林。防风林栽植2排,行株距1.0～1.5米×1.0米,呈"V"形错位栽植,树高10～15米,树种以香樟、水杉、杨树等乔木为主,在乔木之间加植灌木树种。面积较大的果园,在果园迎风面每隔50～60米设置一道单排防风林。或在主迎风面距猕猴桃园5～6米处,建10～15米高的人造防风障。

五、高温日灼

夏季高温季节,当温度在35℃以上时,猕猴桃叶片、果实易出现灼伤现象,尤其是在果实生长后期的7～8月,弱树、病树、超负荷挂果的树,土壤水分供应不足,修剪过重,果实遮阴面少的地块发生严重。防治措施:

(1)加强果园管理,培养形成良好的树冠;合理引绑枝蔓,高温干旱喷水降温,可以缓解日灼伤害。

(2)果园生草,调节园区小气候,行间覆盖秸秆,降低果园土壤温度和蒸发量,有条件的可以架设浅色遮阳网。

(3)果实套袋。详见第七章。

第十一章

猕猴桃采收

猕猴桃的最佳采收期与种类、品种、气候条件和栽培管理等因素密切相关。通常可以通过对果实可溶性固形物含量、硬度、果实生育期、干物质含量、果肉色泽等指标综合分析,确定不同品种猕猴桃的最佳采收期。

一、采收要求

1. 采前要求

采前 30 天不能使用农药,采前 15 天停止灌溉。

2. 理化品质要求

采收时果实的硬度、可溶性固形物含量、干物质含量等指标应达到该品种理化品质指标要求。见表 11-1。

3. 气象条件

选择阴天或晴天的早晚天气凉爽时进行,雨天、有露水未干时不宜采收。

4. 采收人员要求

采收人员应身体健康,进园前剪指甲,戴手套,穿戴合适的衣服和帽子操作。禁止饮酒后采果搬运。

5. 采收工具要求

采果使用清洁卫生的专用器具(采果袋、塑料周转箱、木箱、运输工具等）。

二、采收指标

适宜采收期参考指标见表11-1。

表11-1　适宜采收期参考指标

参考指标	范围
可溶性固形物含量	≥6.5％
果实生育期	根据各产区调查和试验数据,确定各猕猴桃品种从谢花期到成熟采收所需要的生长天数
果实硬度	≥10千克/平方厘米
果梗与果实分离的难易	80％以上的果实果柄基部形成离层,果实容易采收
果实外观颜色	80％以上的果实果面颜色达到该品种的固有颜色。中华猕猴桃果皮已转为黄绿到褐绿色,美味猕猴桃果皮颜色已转为褐绿色到褐色。茸毛部分或全部脱落
果肉颜色	中华猕猴桃果肉已为浅黄或黄色(红心猕猴桃果心呈放射状红色),美味猕猴桃果肉呈浅绿或绿色
种子颜色	种子呈褐色或黑色
干物质含量	≥15％

注:不同品种或同一品种在不同产地及不同年份,适宜采收期各不相同。确定某一品种的适宜采收期,应综合考虑以上因素,通过仪器检测和生产者经验来综合确定。

三、采收方法

果实应做到适时无伤采收。整个采收过程中轻拿轻放,严防机械损伤。随手将伤残果、畸形果、等外果剔出。采收的果实要及时装入周转箱,放阴凉通风的场所,严禁在太阳下暴晒。

第十二章

猕猴桃采后处理

一、分级

按照 NY/T 1794 的规定,猕猴桃果实等级指标见表 12-1。

表 12-1 猕猴桃果实等级指标　　　　（克）

品种		一级	二级	三级
基本要求		具有本品种全部特征和固有外观颜色,无明显缺陷	具有本品种特征,可有轻微颜色差异和轻微缺陷,但无畸形。表皮缺损面积不超过 1 平方厘米	果实无严重缺陷,可有轻微颜色差异和轻微形状缺陷,但无畸形。可有轻微擦伤,果皮可有面积之和不超过 2 平方厘米已痊愈的刺伤、疮疤
果品单果重	徐香	90～110	80～90	70～80 及 110 以上
	翠香	90～110	80～90	70～80 及 110 以上
	农大猕香	90～120	80～90	70～80 及 120 以上
	瑞玉	90～110	80～90	70～80 及 110 以上
	农大金猕	70～90	60～70	50～60 及 90 以上
	金桃	90～110	80～90	70～80 及 110 以上

二、包装

绿色食品猕猴桃包装及其安全卫生和环保要求,按 GB 7718、NY/T 658 及 NY/T 1778 有关规定执行。包装分为箱装与盒装,箱装用于大批量(5～10 千克)果实包装,盒装用于小批量(0.5～1.0 千克)果实包装。

(1)箱装用瓦楞纸箱,内衬垫箱纸,垫箱纸质地应细致柔软。果实应排列整齐,分层排放,每层用垫箱纸分隔。

(2)盒装的盒子用厚皮纸制作,内有一种塑料薄膜巢,巢内平铺果实一层,套上水果保鲜袋,再盛入纸盒中。

(3)每个包装内的猕猴桃均应产地、品种、品质和等级相同。

(4)包装材料应新鲜、洁净且不会对果品造成外部或内在的损伤。包装材料尤其是说明书和标识,其印刷和粘贴应使用无毒的油墨或胶水。

三、标识

包装箱或包装盒上应印有绿色标志,其印刷图案与文字内容应符合 GB/T 191 和 GB 7718 的规定。标志上应标明产品名称、品种、产品执行标准编号、等级、数量、产地、包装日期、保存期、生产单位、储运注意事项等内容。字迹应清晰、完整、准确。

四、贮藏

贮藏按照 NY/T 1392 的规定执行。

1.冷库准备

(1)库体及设备安全检查。提前 1 个月对库体的保温、密封性能进行检查维护,对电路、水路和制冷设备进行维修保养,对库间使用的周转箱、包装物、装卸设备进行检修。

（2）消毒灭菌。果品入库要提前一周消毒灭菌。对库房及包装材料进行灭菌、消毒、灭鼠处理,要及时通风换气。

2. 预冷

（1）预冷入库时应严格遵守冷库管理制度,入库的包装干净卫生,入库人员禁止酒后入库或带芳香物入库。选择的入库品种最好单品单库,分级堆放预冷。

（2）用厚 $0.015\sim0.02$ 毫米、$15\sim30$ 千克规格的打孔 PE 袋包装后,衬垫于果框中,再送到预冷间或冷藏间进行阶梯式降温,经 $15℃$、$10℃$ 到 $5℃$ 预冷后,在 $0\sim1℃$ 库间预冷 $2\sim3$ 天,待果实温度接近库存温度后包装、码垛。

3. 贮藏条件

库温控制在 $(0\pm0.5)℃$（美味猕猴桃）或 $(1\pm0.5)℃$（中华猕猴桃）,空气相对湿度为 $90\%\sim95\%$。气调库贮藏时氧气和二氧化碳浓度分别控制在 $2\%\sim3\%$、$3\%\sim5\%$。

4. 入库

将包装好的果实分批集中入库,每天入库量不得超过库容的 25%。入库时间宜安排在清晨或者夜间外界气温低的时段,每间库房入库装载的时间连续不超过 5 天。每间库房装载结束后,应在 3 天内将库温降低并稳定在目的保存温度。

5. 码垛

将包装箱合理码垛,底垫板高度 $10\sim15$ 厘米,堆垛距侧墙 $10\sim15$ 厘米,距库顶 80 厘米。堆垛宽度不超过 2 米,距冷风机不小于 1.5 米;垛与垛间距大于 30 厘米;库内装运通道宽 $1.0\sim1.2$ 米。主风道宽 $30\sim40$ 厘米,小风道宽 $5\sim10$ 厘米,保证冷却循环良好。1 天内进库量大时,应将果实分散码放,以便果实散热降温。货垛堆码应牢固、整齐,货垛间隙走向与库内气流循环方向一致。货垛应按产地、品种、等级分别堆码并悬挂标牌。

6.贮藏环境条件监测

环境中温度、湿度和气体检测有自动监测和人工监测。

(1)自动监测。冷库和气调库采用计算机管理,库内温度、湿度、氧气、二氧化碳以及乙烯浓度自动显示记录,可使用乙烯脱除机或1-甲基环丙烯来控制乙烯。贮藏时应根据要求,准确设定温度、湿度、氧化和二氧化碳浓度。

(2)人工监测。温度和湿度的检测:在库内平面和垂直位置上,设置不少于5个点,悬挂干湿温度计或放置温湿度仪。温度稳定后,每天定时检测1次库房内的温度和湿度,根据检测结果采取相应的管理措施。氧气和二氧化碳浓度检测:应用二氧化碳氧气气体检测仪,贮藏前期间隔2～3天检测1次,贮藏中期间隔3～5天检测1次,贮藏后期间隔5～7天检测1次。

7.贮藏效果监测

从库房不同位置取样,并按照国家标准 GB/T 8855 的规定执行。猕猴桃贮藏期,每间隔10～15天抽取一定数量的样品,对腐烂果率、果肉硬度、可溶性固形物含量分别进行检测。

(1)腐烂果率。对不少于50个果实逐果检查,以腐烂果的个数占检测果总数的百分率计。腐烂果率小于2%时,可继续贮藏。

(2)果肉硬度。从抽取的样品中,随机取10～20个果实,逐果检测果肉硬度,平均硬度大于3千克/厘米² 时,可继续贮藏。

(3)可溶性固形物。将检测果肉硬度的各个样果汁液收集起来,混合均匀,用于测定可溶性固形物含量。可溶性固形物含量小于10%时,果实可继续贮藏。

上述3项指标均可单独作为判断猕猴桃贮藏效果的指标,其中任何一项不符合贮藏要求时,都应及时对果实做出适当处理,以免造成不必要的损失。有特殊要求时,应对受冻害果率、干物质含量、维生素C含量和可滴定酸含量进行检测。

8.出库

根据客户需求或贮藏效果检测超过允许范围时应及时出库，腐烂、软化及其他不符合上市要求的果实应重新包装上市。

五、运输

按照 NY/T 1392 的规定执行。

1.运输方式

（1）非控温运输。采用非控温的方式运输，应用篷布（或其他覆盖物）遮盖。并根据天气情况，采取相应的防热、防冻、防雨措施。

（2）控温运输。采用控温的方式运输，控温车、船应控制温度为适宜冷藏温度，温度以 1～10℃为宜。

2.运输基本要求

（1）运输前处理。采收后直接销售的果实，在中、长途运输前应对其进行预冷处理，消除果实的田间热。无论采用哪种运输工具，也不论运输距离远近，所有果实都应用箱包装，每箱果实重量宜控制在 20 千克以内。

（2）运输条件。运输工具应清洁、卫生、无异味、无污染，严禁与其他有害、有毒、有异味的物质混装混运。短距离运输可用卡车等一般的运输工具；长距离运输要求用有调温、调湿、调气设备的集装箱运。

（3）堆码要求。从产地到贮藏库非控温运输时，果箱在车内应码成花垛，以便通风散热。从贮藏库运往市场，宜用控温运输。当用非控温的方式运输时，果箱在车内应堆码紧密，并用棉被等覆盖，以保持车厢内较低温度。控温运输堆码时，货物不应直接接触车的底板和壁板，货件与车底板及壁板之间需留有间隙。对于低温敏感的品种，货件不能紧靠机械冷藏车的出风口或加冰冷藏车的冰箱挡板。控温运输时,应保持车内温度均匀,温度控制在 0～2℃。每件货物均可以接触到冷空气,确保货堆中部及四周的温度均匀,防止货堆中部积热及四周产生冻害。

(4)装卸及行车要求。应轻装轻卸,适量装载,行车平稳,快装快运,运输中尽量减少震动。

六、货架期管理

(1)冬季气温在 0℃左右时,可直接摊位销售。

(2)超市销售可放在果品 0～2℃的冷橱中。

(3)货架期 8～9 天。

七、催熟

(1)在 25℃的温度条件下放置 7～8 天可自然软熟。

(2)用 1 克/升的乙烯利,喷果或浸果 2 分钟后放置催熟。

(3)家庭食用猕猴桃时可将果实装在塑料袋中,并在袋内混装 1～2 个苹果,绑扎袋口 3～4 天便可催熟。

附录1 绿色食品生产允许使用的农药

类别	物质名称	备注
植物和动物来源	楝素(苦楝、印楝等提取物,如印楝素等)	杀虫
	天然除虫菊素(除虫菊科植物提取液)	杀虫
	苦参碱及氧化苦参碱(苦参等提取物)	杀虫
	蛇床子素(蛇床子提取物)	杀虫、杀菌
	小檗碱(黄连、黄檗等提取物)	杀菌
	大黄素甲醚(大黄、虎杖等提取物)	杀菌
	乙蒜素(大蒜提取物)	杀菌
	苦皮藤素(苦皮藤提取物)	杀虫
	藜芦碱(百合科藜芦属和喷嚏草属植物提取物)	杀虫
	桉油精(桉树叶提取物)	杀虫
	植物油(如薄荷油、松树油、香菜油、八角茴香油等)	杀虫、杀螨、杀真菌、抑制发芽
	寡聚糖(甲壳素)	杀菌、植物生长调节
	天然诱集和杀线虫剂(如万寿菊、孔雀草、芥子油等)	杀线虫
	具有诱杀作用的植物(如香根草等)	杀虫
	植物醋(如食醋、木醋、竹醋等)	杀菌
	菇类蛋白多糖(菇类提取物)	杀菌
	水解蛋白质	引诱
	蜂蜡	保护嫁接和修剪伤口
	明胶	杀虫
	具有驱避作用的植物提取物(大蒜、薄荷、辣椒、花椒、薰衣草、柴胡、艾草、辣根等的提取物)	驱避
	害虫天敌(如寄生蜂、瓢虫、草蛉、捕食螨等)	控制虫害

类别	物质名称	备注
微生物来源	真菌及真菌提取物（白僵菌、轮枝菌、木霉菌、耳霉菌、淡紫拟青霉、金龟子绿僵菌、寡雄腐霉菌等）	杀虫、杀菌、杀线虫
	细菌及细菌提取物（芽孢杆菌类、荧光假单孢杆菌、短稳杆菌等）	杀虫、杀菌
	病毒及病毒提取物（核型多角体病毒、质型多角体病毒、颗粒体病毒等）	杀虫
	多杀霉素、乙基多杀菌素	杀虫
	春雷霉素、多抗霉素、井冈霉素、嘧啶核苷类抗菌素、宁南霉素、申嗪霉素、中生菌素	杀菌
	S-诱抗素	植物生长调节
生物化学产物	氨基寡糖素、低聚糖素、香菇多糖	杀菌、植物诱抗
	几丁聚糖	杀菌、植物诱抗、植物生长调节
	苄氨基嘌呤、超敏蛋白、赤霉酸、烯腺嘌呤、羟烯腺嘌呤、三十烷醇、乙烯利、吲哚丁酸、吲哚乙酸、芸薹素内酯	植物生长调节

类别	物质名称	备注
矿物来源	石硫合剂	杀菌、杀虫、杀螨
	铜盐(如波尔多液、氢氧化铜等)	杀菌,每年铜使用量不能超过 6 千克/公顷
	氢氧化钙(石灰水)	杀菌、杀虫
	硫黄	杀菌、杀螨、驱避
	高锰酸钾	杀菌,仅用于果树和种子处理
	碳酸氢钾	杀菌
	矿物油	杀虫、杀螨、杀菌
	氯化钙	用于治疗缺钙带来的抗性减弱
	硅藻土	杀虫
	黏土(如斑脱土、珍珠岩、蛭石、沸石等)	杀虫
	硅酸盐(硅酸钠,石英)	驱避
	硫酸铁(3 价铁离子)	杀软体动物
其他	二氧化碳	杀虫,用于贮存设施
	过氧化物类和含氯类消毒剂(如过氧乙酸、二氧化氯、二氯异氰尿酸钠、三氯异氰尿酸等)	杀菌,用于土壤、培养基质、种子和设施消毒
	乙醇	杀菌
	海盐和盐水	杀菌,仅用于种子(如稻谷等)处理
	软皂(钾肥皂)	杀虫
	松脂酸钠	杀虫
	乙烯	催熟等
	石英砂	杀菌、杀螨、驱避
	昆虫性信息素	引诱或干扰
	磷酸氢二铵	引诱

注:国家新禁用或列入《限制使用农药名录》的农药自动从该清单中删除。

附录 2　绿色食品生产允许使用的其他农药

　　当附录 1 所列农药不能满足生产需要时，还可按照农药产品标签或 GB/T 8321 的规定使用下列农药：

　　1. 杀虫杀螨剂

　　苯丁锡、吡丙醚、吡虫啉、吡蚜酮、虫螨腈、除虫脲、啶虫脒、氟虫脲、氟啶虫胺腈、氟啶虫酰胺、氟铃脲、高效氯氰菊酯、甲氨基阿维菌素苯甲酸盐、噻螨酮、噻嗪酮、杀虫双、杀铃脲、虱螨脲、四聚乙醛、甲氰菊酯、甲氧虫酰肼、抗蚜威、喹螨醚、联苯肼酯、硫酰氟、螺虫乙酯、螺螨酯、氯虫苯甲酰胺、灭蝇胺、灭幼脲、氰氟虫腙、噻虫啉、噻虫嗪、四螨嗪、辛硫磷、溴氰虫酰胺、乙螨唑、茚虫威、唑螨酯。

　　2. 杀菌剂

　　苯醚甲环唑、吡唑醚菌酯、丙环唑、代森联、代森锰锌、代森锌、稻瘟灵、啶酰菌胺、啶氧菌酯、多菌灵、噁霉灵、噁霜灵、噁唑菌酮、粉唑醇、氟吡菌胺、氟吡菌酰胺、氟啶胺、氟环唑、氟菌唑、氟硅唑、氟吗啉、氟酰胺、氟唑环菌胺、腐霉利、咯菌腈、甲基立枯磷、甲基硫菌灵、腈苯唑、腈菌唑、精甲霜灵、克菌、棉隆、氰霜唑、氰氨化钙、噻呋酰胺、噻菌灵、噻唑锌、三环唑、三乙膦酸铝、三唑醇、三唑酮、双炔酰菌胺、霜霉威、霜脲氰、威百亩、萎锈灵、肟菌酯、戊唑醇、烯肟菌胺、烯酰吗啉、异菌脲、抑霉唑。

　　3. 植物生长调节剂

　　1-甲基环丙烯、2,4-滴、矮壮素、氯吡脲、萘乙酸、烯效唑。

　　注：国家新禁用或列入《限制使用农药名录》的农药自动从上述清单中删除。

附录3 绿色食品生产禁止使用的农药

绿色食品生产禁止使用下列农药。

有机氯类杀虫（螨）剂：六六六、滴滴涕、林丹、硫丹、三氯杀螨醇。

有机磷杀虫剂：久效、对硫磷、甲基对硫磷、治螟磷、地虫硫磷、蝇毒磷、丙线磷、苯线磷、甲基硫环磷、甲拌磷、乙拌磷、甲胺磷、磷胺，磷化钙、磷化镁、磷化锌、硫线磷、特丁硫磷、氯磺隆、甲磺磷、氧化乐果。

氨基甲酸酯类杀虫剂：涕灭威（铁灭克）、克百威（呋喃丹）。

有机氮杀虫剂杀螨剂：杀虫脒。

有机锡杀虫剂杀螨剂：三环锡、薯瘟锡、毒菌锡等。

有机砷杀菌剂：福美胂、福美甲胂等。

有机氮杀菌剂：双胍辛胺（培福朗）。

有机氟杀虫剂：氟乙酰胺、氟乙酸钠、氟硅酸钠、甘氟。

熏蒸剂：二溴乙烷、二溴氯丙烷。

有机汞杀菌剂：富力散、西力生。

杂环类杀菌剂：敌枯双。

灭鼠剂：毒鼠强、毒鼠硅。

除草剂：禁用除草剂。

附录4　　汉中绿色猕猴桃周年规范化管理历

物候期	时间	主要农事操作要点
休眠初始萌芽期	2月	1. 追肥。施以氮为主,幼树株施0.2～0.3千克,结果树株施0.5～1.0千克,离树1米外撒施,未施采果肥的应适当加大用量。 2. 灌溉。施肥后及时灌溉,无灌溉条件果园应进行松土保墒和树盘覆盖。 3. 病虫防治。萌芽前结合清园喷施3波美度石硫合剂;交替使用可杀得三千,或中生菌素、或梧宁霉素,或20%噻菌铜等全树喷雾,每隔7～10天喷1次,连喷2～3次,防治溃疡病。 4. 嫁接。伤流前进行,采用切接、舌接或劈接等。 5. 整理架面、绑蔓。检查支柱和铁丝,将枝蔓均匀地分布在架面上并进行绑缚。
萌芽期	3月	1. 除萌抹芽。抹除主干、砧木上的萌蘖和弱芽、过密芽、病虫芽。 2. 预防晚霜冻害。局部地区有冻害发生,关注天气预报,及时喷防冻剂。 3. 病虫防治。检查溃疡病,对病树、病枝可喷淋噻菌铜、氢氧化铜等1～2次,间隔7～10天。
展叶、显蕾期	4月上中旬	1. 抹芽。抹除着生位置不当的芽和弱芽,对结果母枝保留芽间距15～20厘米。 2. 摘心。结果枝在最上花蕾以上留4～6片叶摘心。发育枝顶梢生长变慢,开始弯曲缠绕时摘心。 3. 疏蕾。侧花蕾分离后开始疏蕾,首先疏去侧花蕾、畸形蕾、病虫危害蕾。强壮的长果枝留5～6个花蕾,中庸的结果枝留3～4个花蕾,短果枝留1～2个花蕾。在一个结果枝上,先疏除基部花蕾,再疏顶部花蕾,尽量保留中部的花蕾。 4. 病害防治。展叶期交替喷苦参碱,或枯草芽孢杆菌,或代森锌等进行防治花腐病、灰霉病,每10～15天1次,特别是在猕猴桃开花初期应重防1次。 5. 叶面喷肥。结合病虫害防治喷施0.3%～0.5%的尿素+0.3%的硝酸钙+0.2%硼酸,促进花蕾发育。 6. 幼树管理。设支柱绑缚牵引,防风折。

物候期	时间	主要农事操作要点
开花期	4月下旬至5月上旬	1.授粉。花期不遇、雄株数量不足、花期气候不佳的果园必须采取人工辅助授粉2～3次。 2.疏果。谢花后10～15天开始疏果,疏除病虫果、畸形果,保留果形端正的优质果。长果枝留果4～5个,中果枝留果2～3个,短果枝留果1个,丛枝从基部疏除不留果。力争在一周内完成定果。 3.修剪。花后5天开始疏剪,减少架面无用枝,保持果园通风透光。及时绑蔓,将枝条均匀固定在架面上。
果实膨大及着色期	5月中旬至8月	1.夏剪。发育枝打弯缠绕时,或长到行距一半时进行第1次摘心,二次枝长到20厘米时留3～5片叶进行第2次摘心;徒长枝留3～5片叶短截,重新发出的二次枝,可培养为中庸的更新枝。结果枝从最上1个果留4～6片叶摘心,使8～9月叶果比达4:1。 2.追肥。5月下旬追施果实膨大期肥,氮、磷、钾三元复合肥0.5～0.6千克/株或二铵0.3千克/株＋氯化钾0.5千克/株;7月中下旬施入优果肥,根据树势和挂果量追施高钾复合肥0.3～0.5千克/株或二铵0.15千克/株＋氯化钾0.35千克/株;撒施或放射施入,施后和土混合,深度30厘米左右。叶面可喷施钙肥、有机钾肥、氨基酸肥等混合液2～3次,间隔7～10天。 3.加强田间管理。多雨季节注意排水。高温干旱时及时灌溉补水。杂草长到30厘米左右时刈割,覆盖树盘。向阳部位的果实预防日灼。 4.病虫害防治。花后注意防治灰霉病、褐斑病、小薪甲、蜡象和叶螨等病虫害,可轮换选喷代森锰锌,或腐霉利,或异菌脲,或苯醚甲环唑或噻嗪酮,或噻虫嗪等药剂。发生根腐病的果园,疏果减负,用代森锌、枯草芽孢杆菌灌根处理,配合适量生根剂效果更佳。

物候期	时间	主要农事操作要点
果实成熟采收期	9月至10月上中旬	1.修剪。疏除徒长枝、病虫枝、细弱枝和过密枝等,打开光路,保持通风透光,提高树体光合效能;继续对生长枝摘心复壮,促其成熟。 2.清理果库。对贮藏库进行消毒,100立方米果库用1.0～1.5千克硫黄＋锯末熏蒸或用0.5％高锰酸钾水溶液全面喷洒消毒。 3.适时采收。采摘时注意轻拿轻放,分级入库。 4.秋施基肥。依树势、树龄、产量等适时施肥,亩施有机肥3 000～5 000千克,配合施果树专用肥80～100千克或复合肥150千克。 5.叶面喷肥。采果后,喷叶面肥(0.5％磷酸二氢钾＋0.5％尿素＋0.2％硫酸镁),延缓叶片衰老,提高光合作用。
采果后及落叶期	10月下旬至12月上中旬	1.贮藏。果品入库应注意检查,清除烂果、伤果、病虫果,库温维持到0～1℃。以后定期抽查,发现问题及时处理。 2.防治病虫害。选用中生菌素或梧宁霉素600～800倍液,或可杀得三千(氢氧化铜)粉剂1 000倍液,或20％噻菌铜600倍液等进行溃疡病防治。
休眠期	12月下旬至1月下旬	1.冬剪。依树龄、密度等合理整形修剪,培养优质丰产稳产的树形。彻底疏除病虫枝、细弱枝、徒长枝、损伤枝、干枯枝及结果过的结果枝。 2.沙藏接穗。采集良种接穗并沙藏。 3.清园。清理剪下的枝条、病枝残叶等,带出园外集中烧毁或深埋。 4.涂白。刮除翘皮,全园树干涂白。涂白剂配方:水10份、生石灰2份、食盐0.5份、固体石硫合剂或硫黄粉1份。 5.病虫防治。全树喷淋2～3次5波美度石硫合剂,或21％过氧乙酸100～150倍液,或1∶1∶100倍波尔多液等。

参 考 文 献

[1] 刘占德.猕猴桃规范化栽培技术[M].杨凌:西北农林科技大学出版社,2013

[2] 雷玉山.猕猴桃无公害生产技术[M].杨凌:西北农林科技大学出版社,2010

[3] 钟彩虹.猕猴桃栽培理论与生产技术[M].北京:科学出版社,2020

[4] 王博.陕西省城固县猕猴桃产业发展历史与现状——中国猕猴桃科研与产业四十年[M].合肥:中国科学技术大学出版社,2018

[5] 何仕松.红阳猕猴桃整形修剪图说[M].成都:四川师大电子出版社有限公司,2012

[6] 彭伟.西乡县野生猕猴桃资源调查研究[J].基层农技推广,2019(03):83-84

[7] 何云,曾宏宽,彭伟.猕猴桃实生苗基质穴盘育苗技术[J].西北园艺(果树),2017(05):12-14

[9] 彭伟,曾宏宽,朱历霞.陕南丘陵坡地猕猴桃建园技术[J].西北园艺(综合),2019(06):23-25

[10] 王博.陕南猕猴桃建园技术[J].西北园艺,2010(02):19-20

[11] 王博.猕猴桃高品质栽培技术[J].果农之友,2011(02):22-23

[12] 王博.秦巴地区猕猴桃主要栽培品种[J].果农之友,2014(11):9-11

[13] 王博.汉中猕猴桃细菌性溃疡病发生规律及防控建议[J].西北园艺,2018(02):13-15

[14] 王宝,王颜红,李国琛,等.NY/T 391 绿色食品 产地环境质量[S].中华人民共和国农业部,2013

[15] 胡述揖,傅绍清,郭灵安,等.NY/T 425 绿色食品 猕猴桃[S].中华人民共和国农业部,2000

[16] 孙建光,徐晶,宋彦耕.NY/T 394 绿色食品 肥料使用准则[S].中华

人民共和国农业部,2013

[17] 张志恒,王强,张志华,等.NY/T 393 绿色食品农药使用准则[S].中华人民共和国农业农村部,2020

[18] 刘占德,屈学农,姚春潮,等.DB61/T 887 猕猴桃 建园技术规程[S].陕西省质量技术监督局,2014

[19] 刘占德,屈学农,姚春潮,等.DB 61/T 220 猕猴桃 栽培技术规程[S].陕西省质量技术监督局,2014

[20] 韩礼星,李明,严潇,等.GB 19174 猕猴桃苗木[S].国家质量监督检验检疫总局,2011

[21] 田有国,李季,沈其荣,等.NY/T 525 有机肥.[S].中华人民共和国农业农村部,2021

[22] 李莉,聂继云,韩礼星,等.NY/T 1794 猕猴桃等级规格[S].中华人民共和国农业部,2009

[23] 方金豹,齐秀娟,陈锦永,等.NY/T 1392 猕猴桃采收与贮运技术规范[S].中华人民共和国农业部,2015

[24] 饶景萍,雷玉山,杨建伟,等.DB61/T 1117 猕猴桃采收技术规程[S].陕西省质量技术监督局,2017

[25] 张锦,熊才启,郭宝华,等.GB/T 191 包装储运图示标志[S].国家质量监督检验检疫总局,2016

[26] 郝煜,王燕京,王美玲,等.GB 7718 食品安全国家标准 预包装食品标签通则[S].中华人民共和国卫生部,2011

[27] 冯勇,牛淑梅,高学文,等.NY/T 658 绿色食品 包装通用准则[S].中华人民共和国农业部,2015

[28] 聂继云,毋永龙,李静,等. NY/T 1778 新鲜水果包装标识通则[S].中华人民共和国农业部,2009

[29] 赵海香,李以翠,张连朋,等.GB/T 8855 新鲜水果和蔬菜 取样方法[S].国家质量监督检验检疫总局,2008